HarvarD

哈佛的十五堂幸福课

张笑恒◎编著

中国纺织出版社

内 容 提 要

"你幸福吗?"这个话题在刚刚过去的2012年炙手可热,引发了人们对于"幸福"这个亘古话题的新一轮发问和思考。

那么,幸福在哪里?本书汲取了哈佛大学最受欢迎的泰勒·本-沙哈尔教授的"幸福课"的精华,深入浅出地阐述了幸福的态度与幸福的思想,告诉我们如何才能实现做幸福达人的计划,拥有更快乐、更充实的生活。

图书在版编目(CIP)数据

哈佛的十五堂幸福课/张笑恒编著.--北京:中国纺织出版社,2013.6 (2024.4重印)

ISBN 978-7-5064-9585-1

Ⅰ.①哈… Ⅱ.①张… Ⅲ.①幸福—通俗读物 Ⅳ.①B82-49

中国版本图书馆CIP数据核字(2013)第023285号

策划编辑:郝珊珊　特约编辑:相梦莹　责任印制:储志伟

中国纺织出版社出版发行

地址:北京朝阳区百子湾东里A407号楼　邮政编码:100124

邮购电话:010—64168110　传真:010—64168231

http://www.c-textilep.com

E-mail:faxing@c-textilep.com

北京兰星球彩色印刷有限公司印刷　各地新华书店经销

2013年6月第1版　2024年4月第2次印刷

开本:710×1000　1/16　印张:17

字数:188千字　定价:78.00元

前　言

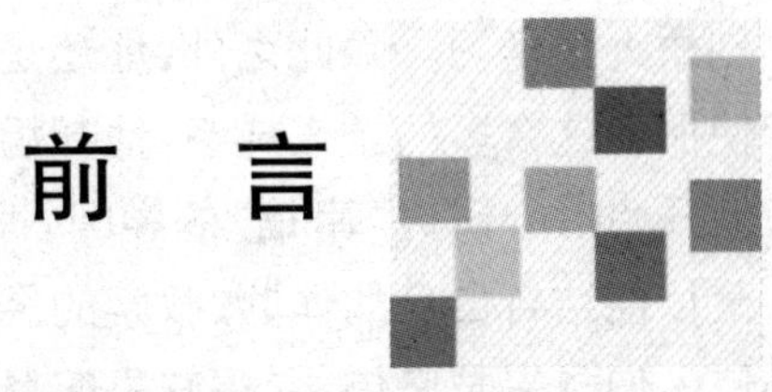

一提起美国的哈佛大学，想必无数人的心中都顿生景仰，无论是在读的莘莘学子还是已经工作的人，都对其有着深深的崇拜与仰慕之情。因为，在我们脑子里早已有了这样一个根深蒂固的概念：一张哈佛文凭，就是地位与金钱的保证。而提到哈佛大学的"王牌课程"，多数人熟知的必是一直火爆的《经济学导论》。的确，《经济学导论》在哈佛大学的选修课程里曾多年稳居榜首，但如今却被另一门课挤下了第一的宝座。

这门被哈佛学子如此热烈追捧的是什么课呢？它就是哈佛大学的泰勒·本-沙哈尔教授主讲的"积极心理学"。这门课被广大师生们誉为"幸福课"，称其"改变了他们的人生"，当他们离开教室的时候，都"迈着春天一般的脚步"。"幸福课"在哈佛引起了前所未有的轰动，因此泰勒被誉为哈佛大学"最受欢迎的讲师"和"人生导师"。他的著作《幸福的方法》风靡全世界，被翻译成16种文字在全球近20个国家和地区出版。

泰勒教授说："我第一次教授积极心理学课时，只有8个学生报名，其中还有2人中途退课。第二次，我有近400名学生。当第三次学生数目达到850人时，上课更多的是让我感到紧张和不安。特别是当学生的家长、爷爷奶奶和那些媒体的朋友们，开始出现在我课堂上的时侯。"自此，"幸福课"开始被各大媒体报道渲染，一时风光无限。而泰勒教授也成了"哈佛红人"，开始频频出现在各个国家和地区主流媒体的荧幕与报道上，如美国有线电视新闻网（CNN）、英国广播公司（BBC）、意大利《新闻报》、《韩国时报》、CCTV9"人物访谈"、清华大学讲座……

现如今，人们在物欲横流的社会背景下奔波忙碌，我们越来越富有，可为何越来越不快乐？泰勒教授的“幸福课”给了我们一把开启幸福之门的钥匙，让我们干涸的心灵久旱逢甘霖。因为在此之前，“幸福”这个词，往往由于不敢奢望，所以只能被遗忘，或者说，是我们无形之中选择了“遗忘幸福”。

泰勒教授毕业于哈佛大学，他曾作为哈佛最优秀的三名学生之一，被派往剑桥大学学习。除此之外，他还是以色列全国壁球冠军，世界壁球种子选手，即使拥有这么多的骄人成绩，他却坦诚地对大家说：“我曾不幸福了30年。”后来，他开始潜心研究“幸福”的学问，惊喜地发现，这真是一座被世人忘却、遗弃的宝藏！他结合自身的体验、教学的经验以及科研的成果，向大家宣扬幸福的真谛，使人们越来越坚信：幸福感是衡量人生的唯一标准，是所有目标的最终目标。

或许有人会说：现在这个社会，不拼命就没有饭吃，不忙起来就没有钱花，哪有时间去找幸福感呢？这个说法一下子戳中了现代人的痛处：我们忙着追求更新、更快、更好的生活的同时，却往往忽略了生命中最深的渴求——一个更宁静、更温柔、更安恬、更祥和的世界。但是，如果有人对我们说，现代人的幸福其实像小草，即使在重压之下也能一点一点地成长，那我们自然会很感兴趣，因为他这样说，是真正懂得我们的处境的。

事实上，无论我们处于顺境还是逆境，都不曾停止过对幸福的追求。无论我们在工作，还是在休闲，我们都渴望获得更多幸福。只是，我们走了太多弯路，以致迷失了方向，忘记了自己的初衷。

也许，幸福从不曾离开过我们，它一直悄悄藏匿在我们的内心深处，却被来自生活各方面的不良情绪与压力挤兑，导致我们看到的只有无趣与疲惫——这便是许多人感觉不到幸福的原因。甚至有的人过于悲观，以为幸福女神永远不会垂怜自己，失去了寻找幸福的心情。其实，幸福就在身边，一个转身，一次伸手，一个回眸，一次微笑，你便会与它不期而遇，这正是“众里寻他千百度，蓦然回首，那人却在灯火阑珊处”。

本书以泰勒教授的幸福理念为线索，结合当代大众的心理需求，从“幸福究竟在哪里”入手，对人们在职场、生活、心态、财富、情感等方面的“幸福困惑”做出了全面的诠释与阐述，并给出了详细的指导建议，是一本极具励志意义的心理教科书。

2013年4月

编著者

目 录

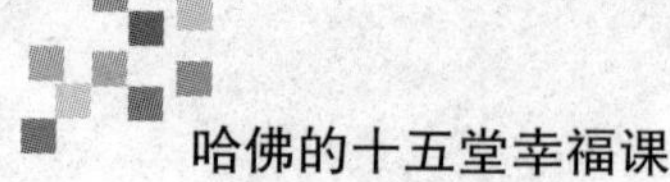

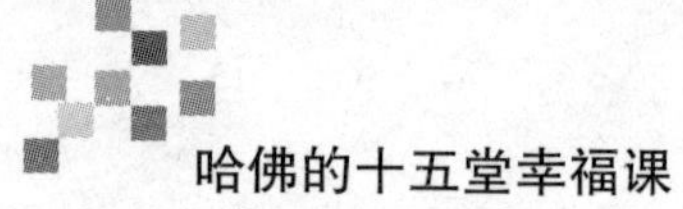

第一课

幸福究竟在哪里

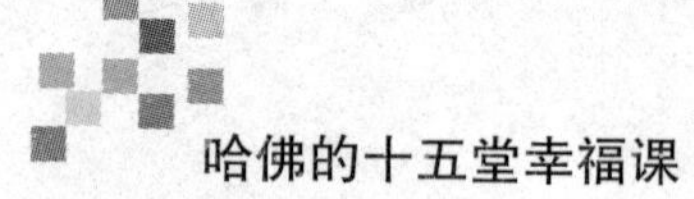

1. 问问自己:我幸福吗

我们一天天长大,生活也日渐忙碌,寻找幸福的眼睛在慢慢看淡这个光怪陆离的世界之后,那些生命中我们原本会感动的内容,悄悄沦为平淡。在烦琐的生活和工作中,不知你是否会偶尔停下手中的工作,心平气和地问自己一句:我幸福吗?

是啊,我幸福吗?我们将自己埋身于这个快节奏的社会,终日按部就班地过着自认为充实风光的生活,可是,我们依然深深地感到:幸福,它不在我这里。那么,幸福在哪里呢?很多人都会说:在邻居家。

隔壁没有我挣的钱多,却每天都能传出欢声笑语;明明没有我的职位高,每天傍晚还有闲情逸致去小区广场里跳交谊舞;并不像我一样有宝马,每天开着QQ还能哼起小曲儿来……

很多人都感知不到幸福的存在,以至于生活也逐渐失去了阳光照耀,变得灰暗阴冷。

20世纪70年代美国拍摄的故事片《天涯何处无芳草》,在当时颇受好评。

男女主人公巴德与迪尼就学于同一所中学,青梅竹马。但是由于迪尼受到过于严格的家庭教育和父母过于周到的呵护,使她无法按照自己的意愿办事,最终与爱情失之交臂。

多年后的一个黄昏,两人在巴德的牧场上漫步,已是芝加哥某大学的文学教授的迪尼,满怀惆怅地问巴德一句:"你幸福吗?"

当年那个阳光洒脱的男孩,如今却把忧郁的目光转向自家的草棚,茫然开口说:"我很少问自己这个问题……"

想想生活真是无奈,当我们年轻时不懂得,而当我们懂得时却已不再年轻。当然,这个"年轻"不单单指纯粹的年龄,最重要的是当年那份纯净认真的心情。一个放手,一次转身,错失一生,让我们永远地与最渴望的幸福擦肩而过、背道而行。

其实，幸福只是一份感觉，不需要任何理由，它也不仅仅是在邻居家，还在我们身边。当你拥有良好的心态，在路边小饭摊也吃得很开心；哪怕是面对着冬日荒凉，也会备感心旷神怡。相反，如果我们心绪难宁，过于计较得失，即使吃着山珍海味也味如嚼蜡，身临奇山秀水也会疲乏无劲。俗话说："知足常乐"，只要要求不过分，其实幸福很简单。

《当幸福来敲门》中，考官问失魂落魄的大克里斯："如果有个面试的人，没穿西装没扎领带没着衬衫而且满脸满身都是油漆，但却被录用了，你能告诉我这是为什么吗？"

大克里斯知道考官是在调侃自己，他机智地说："那他肯定有一条好看的裤子。"

大克里斯令人心酸的幽默赢得考官的欣赏，他终于和其他 19 个人同时获得了实习的机会。苦苦寻觅生活出口的大克里斯，最终听到了幸福的叩门声。

何为幸福？每个人在心中都有自己的幸福标准，只要达到了这个标准，你就是幸福的。别人的幸福不一定是你所想要的，而你自己的幸福未必对别人有用。如果非要给幸福下个定论，无非有两点，和你相爱的人在一起，做你最喜欢的事情。

为了生活，为了梦想，我们在这个纷繁复杂的社会里苦苦挣扎。当我们为了工作疲于奔命时，当我们为了一点薪金披星戴月时，当我们因舍不得一次晋升机会而拒绝老友聚会时……想一想，这是否就是你想要的生活？它真是你内心最真挚的声音吗？

"我幸福吗？"这样重要的问题，有时竟也会因为我们的有意回避而不存在，但是生活还要继续。谁要是突然问到自己："我幸福吗？"更多人的反应也许是：你没事吧？事实上，生活的质量确乎在于我们关注的焦点——当你关注温饱时，肯定不会考虑自身的提高与发展；当你关注精神生活的质量时，又不会在乎茶饭是否精致。尽管冒天下人以为你“有病”之大不韪，也还是应该时常问自己一声：我幸福吗？

哈佛幸福笔记：

美国哈佛大学泰勒·本-沙哈尔教授一再强调：“一个幸福的人，必须有一个明确的、可以带来快乐和意义的目标，然后努力地去追求。真正快乐的人，会在自己觉得有意义的生活方式里，享受幸福的点点滴滴。”与心爱的人在一起，做你喜欢的事情，以一种风轻云淡的眼光看待周围的世界，那么，捉住幸福淘气的尾巴就没有那么难。

2. 钱越多，幸福就会越多吗

泰勒教授说："金钱和幸福，都是生存的必需品，并非互相排斥。"由此得见，幸福感和生活质量有直接的联系，但并非和物质水平成正比，在温饱线上挣扎的人，幸福指数可想而知。但是，整日忙于扩大产业而劳心乏力的人，身居要职淹没在觥筹交错的应酬中的人，也不见得会有多幸福。

事实证明，幸福指数最高的人，是那些比上不足比下有余的工薪阶层——不需担心生活没有着落，也没必要整天忙于应酬，守着自己的小窝，偶尔和三两朋友聚聚，还能在空闲时间里看看书写写字，确实是份福气。

哈佛大学曾对美国1500名学生进行过一项调查，询问他们选择自己的专业是出于爱好还是因为赚钱。1255名学生回答是因为赚钱，245名学生表示是因为喜欢。但当被问及赚到了钱是否就会幸福的时候，前者一脸茫然，后者神采奕奕。

随着生活水平的提高，生活条件是越来越好了，可许多人却发现幸福变得遥不可及，由此人们感叹"钱多了，幸福少了"。

有一个大规模的研究，针对全世界40个国家，每个国家有1000名的受访者，了解财富和生活满意度之间的关系。

结果发现，在一些比较贫穷的国家中，财富的增加的确会提高人民的生活满意度，然而一旦国民生产总值超过人均8000美元之后，增加财富就不能再继续提高生活满意度了。也就是说，当穷到生活都成问题时，有钱会增加快乐幸福，然而一旦生活有了基本保障之后，再增加许多收入，也只能增加些微的幸福感，甚至完全没有影响。

而另一个研究则发现，我们对金钱的看法，远比金钱本身更能影响我们的幸福程度，越看重钱的人越会对他的收入感到不满，也连带对生活感到不满。

或许每个人心中都有自己对于幸福的定义，但是很多人却仍然固执地认

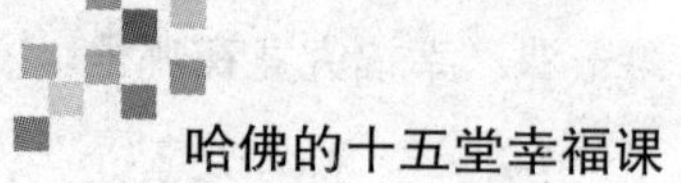

为,自己只有拥有了足够多的金钱后,才能获得真正的幸福。

事实果真如此吗?试想,倘若一个人仅仅是为了金钱而疲于奔命,如何能体味到快乐和幸福呢?鉴于此,泰勒教授说:"这样的人之所以不幸福,并不是因为他们别无选择,而是他们的决定让他们不开心,因为他们把物质财富放在了快乐之上。"

"幸福武汉"是近几年的热门词汇,市委书记在回答记者"什么是幸福城市"的问题时坦言:"5年后,武汉GDP突破万亿我有信心,但建设成一个人人满意的幸福城市,信心却还不够。幸福是什么?不是钱越多越幸福。也许经济总量翻番,收入倍增,可能还是不幸福,因为满足感不够。"

一位年薪50万的先生,专门给自己腾出一天时间去菜市场买了把青菜。他感叹不已:"人生最大的幸福莫过于喝上一口自己烧的青菜蛋花汤。"可惜,这样的幸福,他一年不过两三次而已,其余时间都忙得连饭都没时间吃。

一位年薪百万的老板,总是拎着迷你笔记本电脑去度假,时常在公司员工的工作时间,与他们通电话。减去8小时时差,他应该是每天一早起来就开始打越洋电话,偶尔还在深夜里,和公司讨论急事。钱拿得多,压力也重,每天做梦都在拼命工作,还有什么心情去晒太阳?

曾经有个年薪五六十万的小富婆,谈到自己的生活,竟然痛哭流涕。原来,她快40岁了,依然单身。由于精神压力太大,最近患了甲亢,脾气暴躁,常常失眠,她哭着向老天抱怨:"为什么我赚的钱越多,觉得幸福越远?"

……

这样的例子早已屡见不鲜,以前总以为钱与幸福相关,开宝马的人一定比开赛欧的人幸福。等到拼命赚得越来越多的时候,才发现幸福的感觉早已在无休止的奔忙中被消磨掉了。

幸福与否,快乐与否,完全是个人的感受。当初还是小职员的时候,觉得能够天天下馆子是种幸福,现在做了公司的领头羊,天天进酒楼也没有了当年的胃口,反而开始觉得能在家里喝点大米粥就是幸福。

所以说，人生是否有意义，并不能以金钱多少来衡量，因为心灵的富足是无价的。

哈佛幸福笔记：

泰勒博士指出："金钱除了可以提供食物和居所外（不是指鱼翅和城堡），只是一种实现目标的手段。有趣的是，我们经常搞不清楚目标和手段的区别，以牺牲幸福（目标）来换取金钱（手段）。"金钱不是衡量生活是否幸福的尺子，金钱的多少只能代表日子是否富足，却代表不了日子是否幸福。

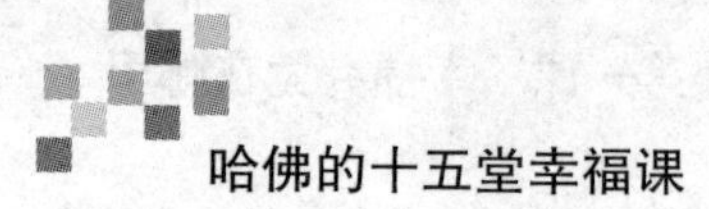

3. 别人的期望,是你想要的幸福吗

美国作家杰克·凯鲁亚克说过一句话:“我还年轻,我渴望上路。”然而在生活中,谁能有这份勇气趁着年轻,高高兴兴地走一条属于自己的路呢?我们被世界华美的外衣所诱惑,为他人的眼光而迷失,我们常常把别人的期待误以为是自己的目标,孜孜不倦地一路追寻,走到最后,才蓦然发现,自己这条路走得多么疲惫。

事实上,他人的期望只是别人花园里的花卉,并非是自己的真心所求。他人的期望,只会让你更加疲倦,让你与幸福之间的距离,犹如夜幕里路灯下的影子,越拉越长。不要总是活在别人的期望里,你才是命运的主人。

美国超级巨星“小甜甜”布兰妮·斯皮尔斯,在功成名就的时候癫狂了。她背叛男友贾斯汀,她在治疗中心边跑边喊“我是冒牌的,我是冒牌的!”,她跑到大街上求普通人与她合影,带着灿烂的笑容……

然而,她最疯狂的举动,是将自己迷倒众生的一头秀发亲手剪掉。她看着镜子里光头的自己喃喃自语:“妈妈会疯掉的。”

她到底怎么了?

她曾说,她这一生最痛苦的事,就是失去了属于自己的童年。

布兰妮的妈妈有一个明星梦,但她没有实现,于是便将它强加在了女儿身上。从布兰妮2岁起,她就带着女儿四处奔波,寻找各种可能,将女儿送上荧屏。最终,她实现了这个梦想,女儿成为天后。

但是,她忘了自己的女儿常跟她说的那句话:“我只想做一个普通女孩,快快乐乐的。”

她说自己是冒牌的,她剪掉自己的一头秀发,说妈妈会疯掉,她跑上大街与普通人开心地合影……这是压抑了多久真实的自我,才终于在扛不住的时候爆发出的感情啊!

生活是自己的,人生路终归要自己摸索着走,为何一定要活在别人的期望里?在意别人眼中的你迎合别人的期望,盲目追求一些自己并不感兴趣的东西,只会感到越来越迷茫,从而失去了自我真正的想法。到头来,你收获到的只会是细枝末节,而真正的收获源于为自己而活。

网络上一句话说得相当精辟:"不要评价别人的容貌,因为他不靠你吃饭;不要评价别人的德行,因为你未必有他高尚;不要乱花钱,因为明天你就可能失业;不要趾高气扬,因为明天你就可能失势;不要委屈自己,因为明天你就可能死去。"人生短短数十载,一定要做自己喜欢的事,成为真实的自己,那些在他人眼中的期望,都只是镜花水月,不会带给你真正的幸福。

希尔维亚·普拉斯是美国著名的自由派诗人、小说家,她自杀时年仅30岁。留下的最后一本小说《钟形罩》,是她以自己早年的生活为模版,讲述了主人公大学时期的生活经历与心路历程。后人通过解析,得出普拉斯自杀的真正根源是来自其母亲的压力。

普拉斯的母亲曾梦想成为一位诗人,没有美梦成真的她便把这个愿望寄托在女儿身上。

母亲的期望伴随着普拉斯度过纯真的童年和懵懂的少年,深深印在普拉斯的信念中。她把它看成是自己奋斗的动力与目标,而很少去考虑这是不是她想要的。直到离开母亲,进入大学后,她的自我意识渐渐觉醒,她困惑了,不禁自问:到底自己想要什么?

《钟形罩》里写:"我看见自己坐在这棵无花果树的树丫上,饥肠辘辘,就因为我下不了决心究竟摘取哪一枚果子。我哪个都想要,但是选择一枚就意味着失去其余所有果子。我坐在那儿左右为难的时候,无花果开始萎缩、变黑,然后,扑通、扑通,一枚接着一枚坠落在地上,落在我的脚下。"

无奈绝望的文字,映射了普拉斯茫然孤苦的内心。在她纠结于现实和母亲营造的理想中无从抉择的时候,母亲还是希望女儿能替自己实现梦想。可是普拉斯始终难将自我和母亲的期望相融合,为此她渐渐在人格和精神上走向分裂,最终在彷徨之中选择自杀。

当我们为了他人的意愿而迷失了自己的眼睛，为了他人的言论而偏离了本能带给我们幸福的轨道时，我们是否已经从自己人生操盘手的位子上退下来了呢？我们将操作权交由他人，自己倒不知何去何从了。

当你为了他人而迷失自己时，当你为了荣耀而忘记初衷时，你的人生注定从此将告别绚烂多姿，变得暗淡无光。为别人而活，成了自己人生的傀儡，幸福便无从谈起。

哈佛幸福笔记：

泰勒教授曾用他的亲身经历告诉我们："一个幸福的人，必须有自己的目标和方向，从达成目标的过程中，人才能真正体味到幸福。"我们不必以别人所认同的标准来改变自己，也不必刻意粉饰自己的缺陷，按照自己的意愿走下去，才能找到幸福的真谛。

4. 让人羡慕的表面风光，就意味着幸福吗

泰勒教授说："很多人有各种令人信服的理由感到幸福，他们实现梦想，获得成功，却笼罩在愁云惨雾之中。还有一些人，不断地面对不幸和困难，却常常对生活充满感激。"

在这个快节奏的社会里，很多人不知道人生的目标到底是什么，甚至不知道自己究竟在追求什么。当被问及这一问题时大多数人都会回答："赚钱。"——这种只顾惜眼前的风光，而缺乏信念与理想的人生，纵使其得到了幸福感，却也不会长久。

生活中，我们常常羡慕那些大人物，他们站在堆满鲜花的领奖台上，现身于耀眼的镁光灯下，风光无限。但是，备受瞩目与仰望的他们，是否真的幸福呢？

1988 年，演员崔真实首次出演电视剧《朝鲜王朝 500 年》，凭着出色的表演才能，崔真实一举成名，并获得"国民天后"之称。

2008 年，"导致安在焕死亡的 25 亿韩元高利贷"的恶性谣言不断被传出、炒作，崔真实不断受到涉嫌最初散布关于高利贷的嫌疑人的电话骚扰。

当年的 10 月 1 日下午，在韩国首尔江南区一摄影棚内，崔真实拍摄了此生最后一个平面广告。广告上的她身穿白色上衣和米色裙子，一脸灿烂的微笑，但她却于第二日凌晨自杀身亡。

关于明星自杀的新闻已是屡见不鲜，2004 年千万人心目中的"白马王子"张国荣的坠楼更是让多少人痛心疾首。很多人不明白，他们有钱有名，大好前途在翘首以待，尊贵生活更是令常人羡慕不已，处在这样灿烂华美的光环下，还有什么不如意，偏偏要以自己终结生命来告别世界？

而我们不知道，被鲜花与掌声包围的他们，内心有多孤单。对幸福的渴望越来越浓烈，却始终找不到入口，才使他们在解脱的方法上走向了极端。正应了那句"表面风光，内心彷徨；容颜未老，心已沧桑。"

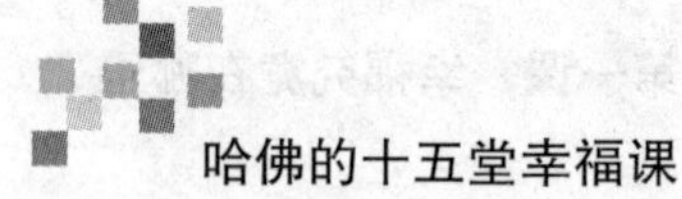

歌手郑智化曾以一首《中产阶级》,将许多社会人的欲望、无奈、失落和尴尬演绎得淋漓尽致——“我的包袱很重,我的肩膀很痛,我扛着面子流浪在人群之中……我的欲望很多,我的薪水很少……是不是就这样平凡到老,我的日子一直是不坏不好。”遗憾的是,当我们为了能得到更多而苦苦努力的时候,幸福生活却几成奢望。

露西从研究院毕业以后,找到了一份令人羡慕的工作。而她也凭借着自己出类拔萃的能力,很快在公司崭露头角,短短一年便跃身为管理层。工作在高档的写字楼,居住在智能化的高级公寓,平时化着精致的靓妆,追随时尚杂志引导的潮流节拍过自己的单身生活……无限风光的露西,成为同学朋友共同羡慕的对象。

露西的白天十分忙碌和压抑,需要承担很多责任和压力,她时常觉得自己像个机器人。下班后她要先赶饭局,跟客户和商场上的朋友轮番应酬,然后才能找个地方,静静地喝酒或是听音乐,直到凌晨2点。

露西说:“有时候,坐在吧台上,听着震耳欲聋的音乐,看着放纵的人群,心中却无限的空虚,不知道什么是幸福。”

当获得财富名利的欲望超过了寻找生命意义的时候,我们还有什么心情去享受生活,还有多少时间去发现和感受幸福?我们是为了追求幸福才努力向成功迈进的,而不是为了获得财富和名利。所以,当我们迷茫,感到不幸福的时候,不妨问问自己:“是不是因为过分追求自己欲望的满足而忽略了幸福?”

其实,幸福和金钱、财富、名望都没有必然联系,或许那些可以成为让我们幸福的条件,但是没有这些,我们依然可以幸福。据调查,在北京上海这样的一线城市,工资5000元钱左右的人过得最幸福,而那些年薪几十万的人却还在寻找幸福的路上苦苦寻觅。

我们很多人不也曾是这样的小丑吗?为了能走得更远,爬得更高,有更大的面子票子,不惜跳进盲目奋斗的怪圈。哪怕心里在流泪,也要强迫自己手舞足蹈,一直强颜欢笑,并摆出一副高高在上的大架子,好让所有人都看得见你的风光。

其实说到底,幸福的判断不在别人的眼中,而在自己的内心。做个真实自然的自己有什么不好?活得洒脱些、自在些,路越走越宽,天越来越蓝,幸福越来越近。

哈佛幸福笔记:

苏格兰有段谚语:“如同不需要挣钱一般去工作,如同不曾被伤害一般去爱,如同没人看一般去舞蹈,如同没人听一般去歌唱。只要不侵害他人的利益,让我们努力做自己!不要活在别人的眼光里。”让人羡慕的风光只是一件会随岁月流逝而渐渐发黄的衣服,只有渴望幸福的内心才是我们最应听从的。

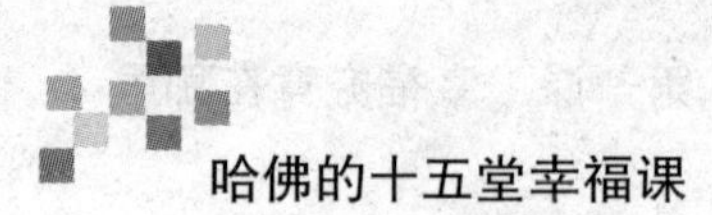

5. 只有完美才会幸福吗

泰勒教授曾在讲堂上说："*Learn to fail or fail to learn*。"意思是：学习失败，否则失败于学习。

我们总是希望自己跑得飞快，做得超好，令他人望尘莫及。做到这点，完美当然是必需的，否则，怎么能跑得过所有人？但是这个世界上本就没有完美的人，完美的事，以完美做标尺来衡量我们是否幸福，无异于庸人自扰。那些存在于幻想中的故事，在我们期待的时光里往往并不完美，我们也天天在感受着生命的残缺。

从心理学角度来看，承认自己不完美是尊重和正视自己的一种心理力量。正如库斯洛所说："示弱和坦然，才是自我心理最强的防御。"但是在生活中，我们总是在关注自己的缺憾，遗憾于自己的失误，陷入自卑泥沼里无法自拔。这样的生活怕只会是乌云密布、愁云惨淡，又怎能看到温暖和煦的阳光？

有个国王拥有七个值得他骄傲的女儿。七位美丽的公主都有一头乌黑亮丽的长发，为了配得上女儿们的秀发，国王送给她们每人一百个漂亮的发卡。这些精致的小发卡戴在公主们的头上，更是锦上添花，美丽非凡。

一天早上，大公主起床梳理秀发时发现少了一个发卡——这太糟糕了！少了一个发卡就不完美了，怎么还能漂亮？于是，便遣人悄悄拿走了二公主的一个发卡。

二公主发现少了一个发卡，便溜进三公主的房里拿走了一个发卡；

三公主发现少了一个发卡，便也偷偷拿走了四公主的一个发卡；

……

就这样，最后就是七公主的发卡少了一个，这种不完美让她有片刻的失落，但随后又高兴起来：九十九个发卡，长长久久嘛！这预示着我要有好运啦！

第二天，邻国英俊的王子拿着一个发卡来到这里，向国王诚恳地求婚："请您将这个发卡的主人许我为妻。”

故事的结局,便是少了一个发卡的七公主与王子携手离开。

这个故事让我们很欣赏,有人说:这是对追求完美者的一个最美丽的警示。

是啊,为什么有了缺憾就拼命想着去补足呢?一百个发卡,恰如完美的人生,少了一个,这个圆满就被打破,但这又何尝不是件好事?上帝为我们关上一扇门,必定会开启一扇窗,如果你不能接受这扇窗,偏偏为已经关闭上的那扇门而郁郁寡欢,很可能会在苦恼中迷失自己。

作家纪伯伦说:“一个成功的人有两颗心,一颗心藏爱,一颗心接纳。”一个人若是连自己的缺陷都接受不了,何谈去接受他人,何谈去接受这世间赋予我们的风风雨雨?又怎能有一颗大爱的心去热爱这个世界,去感悟生活的美好和幸福呢?

有一次,林肯在台上演讲。正当大家热情高涨的时候,台下忽然有人大喊:“别忘了,你只是个修鞋匠的儿子!”

全场静默了,大家纷纷开始窃窃私语,都说这个家伙太欠揍了。

而林肯不置可否,呵呵笑了两声,说:“是的,我是一个修鞋匠的儿子,但是我的父亲现在已经不在了,你的鞋子出了问题我也可以帮你修,但是很抱歉,我可能再也修不出那样好的鞋子了!”

全场掌声雷动。

我们勇于承认自己的不完美,用坦然的态度来面对,换来的不仅仅是尊重与认可的掌声,还有一种发自内心的真正的快乐。生活必须是阳光和阴影的结合,如果没有了阴影,永远都是烈日,那么阳光还会那么美好吗?也许正是失去,才令我们完整。一个完美的人,永远也无法体会有所追求、有所希冀的感觉。

当我们接受人的不完美时,当我们能为生命的继续运转而心存感激时,我们就能成就完整。如果我们能勇敢去爱,去原谅,为别人的幸福慷慨地表达我

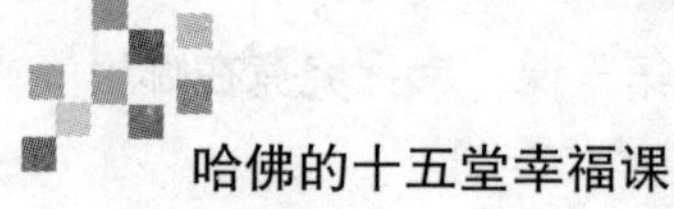

们的欣慰,理智地珍惜环绕在自己身边的爱,那么,我们就能得到别的生命不曾获得的圆满。

哈佛幸福笔记:

泰勒教授说:“曾经我很希望能成为一个被学生崇拜的老师,所以努力在学生面前表现出无所不能、完美坚强的样子。但是我很快发现这是个绝对错误的做法。这给学生树立了一个典型,告诉学生一条永远走不通的、错误的道路——成为‘完人’。”有喜怒哀乐的人生,才是真实的人生,不完美的人才可爱,正确对待缺憾,便能收获另一番“美满”。

幸福小测试:你是一个知足的人吗

1. 你是否觉得自己被迫循规蹈矩?

(1)是的,有时是这样

(2)很少或从不

(3)是的,我经常因为必须循规蹈矩而感到沮丧

2. 你是否喜欢自己的工作?

(1)大多数时候是,但不总是

(2)是的

(3)基本上不是这样

3. 你认为下面哪个词是对你最好的概括?

(1)安定的

(2)感到满意的

(3)不平静的

4. 你是否做了一些让你良心不安的事?

(1)是的,有时候

(2)很少或从不

(3)是的,我在这方面很担心

5. 你对生活是否抱有一种轻松的态度?

(1)是的,对大多数事情是这样。但是,有些事情很重要,不是那么容易放得下

(2)总的来说,我的确是采取一种轻松的态度对待生活

(3)我不认为自己是一个很轻松愉快的人

6. 你是否因为自己的失败而拿别人出气?

(1)偶尔

(2)很少或从不

(3)经常

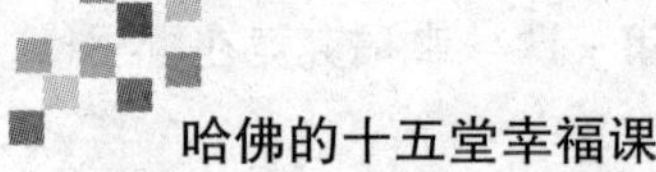

7. 你是否感到自己的生日是在比较幸运的星座上?

(1)也许我算比较幸运的

(2)绝对没错

(3)不

8. 你是否已经实现了人生的大多数抱负?

(1)是的

(2)我现在不能找出特定的抱负需要我去实现

(3)完全不是

9. 你如何看待未来?

(1)有一定程度的理解

(2)如果顺利的话,会像现在一样继续发展

(3)我希望将来会比过去和现在要好得多

10. 你拥有良好的睡眠吗?

(1)我努力做,但不总是成功

(2)是的

(3)通常不太好

11. 你是否有自卑感?

(1)可能,有时是这样

(2)没有

(3)是的

12. 你是否认为自己拥有忠诚和稳定的家庭生活?

(1)总的来说是这样

(2)毫无疑问

(3)不是

13. 你觉得自己有没有充分享受自己的业余时间?

(1)也许我的业余活动没有我希望的多

(2)是的

(3)没有,因为我没有时间参加业余活动

14. 你是否考虑过通过做整形手术来让自己变得漂亮一些？

(1)偶尔

(2)没有

(3)是的

15. 如果让你回顾并且评价自己的人生，下面哪句话最适合？

(1)基本上满意，但我认为自己还能够获得更多

(2)我要感谢上天的恩赐，因为我人生的顺境要多于逆境

(3)我多少会感到有些生气，因为我没有实现自己的人生价值

16. 你是否很容易休息放松？

(1)有的时候容易，有的时候比较困难

(2)很容易

(3)一点也不容易

17. 你是否已得到人生中应该得到的大多数东西？

(1)基本上是这样

(2)我认为我得到了

(3)我认为我没有得到

18. 你是否经常希望自己是另一个人？

(1)不经常，但偶尔会认为有些人比我幸运

(2)我从来没有认真考虑过

(3)我经常希望自己是另一个人

19. 如果让你变换生活方式过一年时间，你愿意吗？

(1)在特定的情况下有可能

(2)我认为我不会

(3)是的，我会接受这样的机会

20. 你是否觉得机会总是从身边溜走？

(1)有时

(2)很少或从不

(3)经常

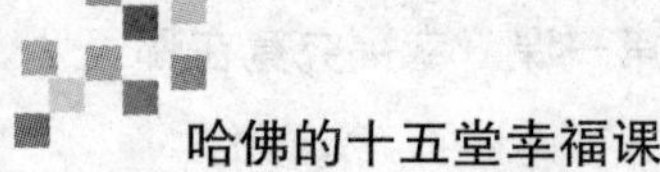

21. 你嫉妒其他人的财产吗?

(1)偶尔

(2)很少或从不

(3)经常

22. 你是否经常因为做得太少而沮丧?

(1)有时

(2)很少或从不

(3)几乎始终是这样

23. 你是否渴望异乎寻常的假期,它可以让你完全逃避现实?

(1)是的,有时候

(2)假期是不错,但对我来说不是必不可少的

(3)是的,经常这样想

24. 你是否嫉妒富人或名人?

(1)偶尔

(2)很少或从不

(3)经常

25. 你对自己感到满意吗?

(1)有时会感到有些不满意

(2)总是对自己感到满意

(3)很少或从不对自己感到满意

评分标准:

选(1)得 1 分,选(2)得 2 分,选(3)不得分。

测评解析:

0—24 分:

你对自己的生活不太满意。你总是对很多事情感到不满,并一直在努力改变,希望得到更多更好的东西。现在正是审视并且评价自己人生的好时候,扪心自问你得到了什么。也许你拥有一份稳定而喜欢的工作和一个和睦的家庭,也许你有一项喜爱的运动或业余爱好,并从中得到了乐趣……所有这些都是值

得为之感激的，而不是失望的理由。

25—39 分：

你对自己的人生基本满意，可能你还没有意识到这一点。你不会为了追求某些目标而去冒风险，但是，在你的内心深处，经常会有一种不满足感，因为你自认为可以获得更多，并且因此而多少感到有些遗憾。尽管如此，你还是认为总的来说自己的目标大部分已经实现，因此，没有理由做任何改变，哪怕其他人都急切地告诉你应该怎样对待生活，你也不会轻易为之所动。

40—50 分：

你对自己的生活感到满意，因此，你可能拥有快乐和内心的安宁。正是这种快乐感染并影响了你周围的人，尤其是你的直系亲属。你是很幸运的一类人，能够找到自己的小天地。你很懂得知足常乐，这正是许多人羡慕你的地方。

第二课

超越完美，幸福的障碍是自己

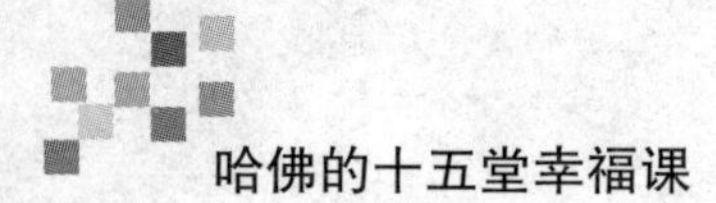

1. 关注自己，为自己骄傲

玛丽安·威廉姆森在《爱的回归》一书中说："我们深深地恐惧，并非因我们无能。恐惧的最深处，是我们超越一切的巨能。正是我们的光芒，而非我们的阴影，在冲击着我们。"

生活不能处处尽善尽美，同样的，我们也绝不会完美无缺。每个人都多多少少有些缺点与不足，无论你再怎么努力去苛求完美，都只能无工而返。就像一块玉，没有绝对的剔透无瑕，有一点小瑕疵才可能是货真价实。而我们不能总是被围困在缺点的阴影下，走出这围城，多看看自己的优点，你会发现自己竟还可以如此开心。

有个故事是这样说的：

有个过路人问一位盲人："你每天都生活在黑暗之中，不觉得痛苦吗？"

盲人回答"我快乐得很，为什么要痛苦？"

"可是你看不见呀！"

"是的，我看不见。可是和聋子相比，我能听见声音；和哑巴相比，我能说话；和瘫子相比，我能行走。我之所以活得不痛苦是因为我学会了放大优点，你看，我能听、能说、能走，我拥有这么多优点，怎么还会感到痛苦呢？

路人听后，很高兴地笑了："这么说，我与你相比，我能看得见这世界，看得见这莺歌燕舞、花红柳绿，我要更加幸福了！"

人人都愿自己完美无缺，在别人眼中投影出一个纯净无瑕的自己。但古语说得好：金无足赤，人无完人。生活不能处处尽善尽美，人又何必要处处争优？

或许你相貌没有同桌漂亮，可是你能写一手漂亮的文章，激扬文字指点岁月，并以此争取到属于自己的荣誉；或许你没有婉转的歌喉，清歌一曲举世所无，但你会弹得一手好钢琴，跳跃的五线谱谱写你的悲喜，敏感的音符分享你的哀欢……这些都是你的优势，是他人所不具备、亦是做不到的，念及此，你不觉得应该狠狠地为自己骄傲一把吗？

在英国，有一个名叫艾金森的小男孩，他长相憨呆，言谈行事迂腐笨拙。在家里，家人断定他不是弱智就是痴呆；在学校，他经常调皮捣蛋，把课堂搅成一锅粥。大家都认为他身上没有任何优点，更不用说前途了。

可是艾金森的表演才能却无人能及——这也算大家公认的，他表演的滑稽剧常常逗得老师和同学捧腹大笑。

意识到这一优点的艾金森更是一发不可收拾，得闲便扮各种各样的鬼脸来表演形态不一的滑稽剧，他的表演给大家带来了无数的欢笑，给枯燥的学习增添了许多喜乐，大家也开始慢慢接受他、喜欢他、和他做朋友了。

一身缺点的艾金森尚能有过人之处，有个无人能及令他无比骄傲的优点，何况是我们呢？不管你现在对自己是失望也好，对自己的处境感到堪忧也罢，每个人身上总会有这样那样的长处，缺点固然不可忽视，但优点更是独一无二。

不要总以为自己平庸无华，更不要自我贬损，你的闪光点总能灼到别人的眼睛，正像"你站在桥上看风景，看风景的人在楼上看你。明月装饰了你的窗子，你装饰了别人的梦"一般。

后来的艾金森因扮演喜剧电影《憨豆先生》一举成名，且不说名利带给了他什么，单说他的这个优点，在尚未被人接纳看好的时候，早就已经带给了他莫大的快乐与幸福，在不为人赏识的岁月里，熠熠生辉。

还记得那个顽强地与命运抗争的女神吗？正如马克·吐温所说："19 世纪有两个奇人，一个是拿破仑，一个是海伦·凯勒。"

海伦的事迹被传了又传，唱了又唱，大家早已耳熟能详，可谁又真正想过，这样暗无天日的生活，充斥着痛苦与绝望，如此生命如何与幸福有染？

而你是否知晓，因失聪失明而感知能力超于常人的她会写第一个字"water"的时候，突破功能障碍学会说话的时候，走进哈佛大学课堂的时候，第一部作品问世的时候，荣获第一枚奖章的时候……一路风雨沧桑，夹杂着无数苦痛与艰辛,在她的内心深处,埋藏的那颗骄傲的灵魂,是不是幸福得像花儿一样绽放?

她说过,“只要朝着阳光,便不会看到阴影”。

愿你,幸福如斯。

哈佛幸福笔记:

泰勒教授说:“这个世界上有两种事情:一种是可以改变的,一种是不能改变的。妄图改变那些不能改变的事情,常常只会给我们增添烦恼。因此,使我们快乐的途径是:接受那些无法改变的,并且发现那些我们确实可以改变的,然后为之努力、坚持。”人无完人,不要老盯着自己的不足,偶尔回过头来看看自己的优点,发现它原来可以是令你骄傲的资本。

2. 能接纳不完美的自己，这个世界就完美了

有心理学者说：爱自己就要多对自己说赞美之辞，接纳自己的情绪，包容自己的不完美，为自己感动，为自己流泪，给予自己同情和怜悯，给予自己温暖。但是，我们不少人总是强迫自己去完成那些“偏激的完美”，而不顾自己的需要。用霍妮的话说：“你是你自己最大的暴君。”

其实，我们的每个不完美的背后都躲着一个闪光点，每个阴暗面里都存放着一个生命赠予的礼物。就像作家黛比说的：好出风头只是自信过度的表现，邋遢说明你内心自由，胆小能让你躲过飞来横祸，泼妇在有些场合是解决问题的最好方式……只要我们真心拥抱它，就能活出完整的生命。

已故的布斯·塔金顿曾说过：“人生的任何事情，我都能忍受，只除了一样，就是瞎眼——那是我永远也无法忍受的。”

然而，在他 60 多岁的时候，他的视力减退，之后，他最害怕的事还是发生了。

可是他自己也没想到自己竟然还能如此开心。甚至当那些大黑斑从他眼前晃过时，他还能幽默地说：“嘿，老黑斑爷爷又来了，不知道今天这么好的天气，它要到哪里去？”

塔金顿完全失明后，他说：“我发现我能承受我视力的丧失，就像一个人能承受别的事情一样。要是我五个感官全丧失了，我也相信我还能继续生活在我的思想里。”

为了恢复视力，塔金顿在一年之内做了 12 次手术。手术时，他尽力让自己去想他是多么幸运：多好呀，现代科技的发展，已经能够为像人眼这么纤细的东西做手术了。

一般人如果要忍受 12 次的手术和不见天日的生活，恐怕都会变成神经病了。可是这件事教会塔金顿如何忍受，这件事使他了解，生命所能带给他的，没有一样是他能力所不及而不能忍受的。

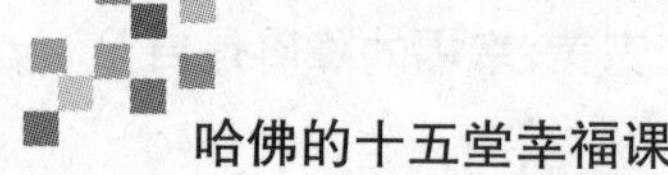

当你某天穿着自认为很漂亮的衣服走在大街上，迎面而来的是一个气质超群的妙龄女孩，她恰到好处的服饰搭配，会让你的心情立马降到零点，你会埋怨自己怎么穿不出如此优雅的风格；当你听到一个自信满满的朋友侃侃而谈的时候，你一面微笑着点头，一面在心里想，什么时候我能像他那样？……

可是，往往越渴望，我们越能发现自己的不完美。于是，健身房里人满为患，整形美容科遍地开花。可生活又怎么可能尽善尽美？花开虽艳，但林花终究会匆匆谢了春红；燕舞虽美，却仍抵不过草木黄落雁南归。

但你知道吗？完美并非遥不可及，也不是高不可攀，它就在我们身边，就在我们的心里。只要心中有爱，你就能感受到生命的美好，就能拥有幸福的人生。当阳光洒满你心灵的时候，就是你遇见最完美的自己的时候。

有个女孩子，从开始知道“美”的时候，就发现自己有个天生不足——脸上有很多雀斑，原本漂亮的脸蛋因为这些密密麻麻的小“黑子”而显得不完美。也因为这个特征，被同学取了个“恰如其分”的外号——“小雀妹”，她也因此一直郁闷得不得了。直到一次生日会，有个男同学跟她说：“我喜欢你的小雀斑，特别可爱！”

女孩在觉得不好意思的同时，突然豁然开朗了，她突然感谢这个小不足让自己变得与众不同。后来，她还把自己的网名改成了“风流小雀妹”，她臭美地说，当她把这个特点当成自己的标志，她不但觉得自己漂亮了，还美得那么独特。

每个人都竭力使自己向完美靠拢，可是当我们真的完美了之后，世界会不会就变得不像当初那样美好了呢？淡然正视自己的不完美，接受自己，我们便学会了与自己和谐相处，内心无比平静，你会发现这个世界会因此而变得更美好，于我们本身才有幸福可谈。

最近网络上流传一句话：不保留的，才叫青春；不解释的，才叫从容；不放手的，才叫真爱；不完美的，才叫人生。人生太短，所以笑吧，趁你现在还有牙齿。

哈佛幸福笔记：

就在泰勒教授在哈佛幸福讲堂上微笑着说“我曾经不快乐了30年”的时候，很多人都情不自禁地喜欢上了他，因为不完美其实很可爱。做人要有一丝宠辱不惊的淡定从容，而不完美恰恰让我们走向了完美。

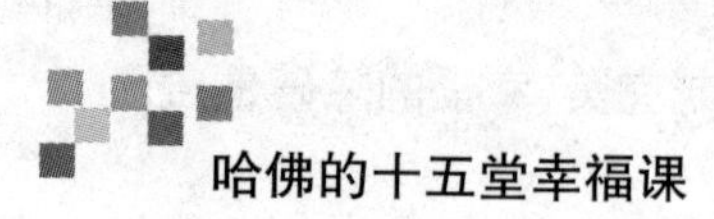

3. 不必自责，犯点小错是可以理解的

还记得电影《非诚勿扰》里，葛优在路边小教堂忏悔的片段吗？忏悔自己从小到大干过的捉弄小伙伴之类的鸡毛蒜皮的小事，从幼儿园开始说起，没完没了地唠叨了好几个小时，直听得神父腿软。

看过的人都忍不住爆笑，但回过头来想想，生活中，谁没犯过点小错呢？如果我们对自己过于苛刻，芝麻大的过错就耿耿于怀，陷在自责中不能自拔，烦恼的野草必定会在心灵上疯长。

很多人也像电影中的葛优一样寄希望于神，但假如你自己都不能原谅自己，就算神父原谅你，你的心也难得安宁。当有了小错误，记着要对自己宽容一些。你要知道：犯错误本身没有错，不原谅自己、不改正错误才是真正的错。

从前有一个小村庄，村长是个好心人，可是性情却暴躁得很，常常对着人们大发雷霆，村民们常常私下里批评他。

村长无意中听到了村民们的批评议论，感到非常气愤，于是他气呼呼地跑去请示佛陀："我从来都是竭力做好村长的工作，可为什么好心不得好报？"

佛陀慈祥而笑："我先问你，如果有人慢吞吞做你交代的事情时，你会怎么样？"

村长说："我当然会很生气！做事就要雷厉风行，不能拖拖拉拉！"

佛陀问："如果有人听了你的指令，就不顾一切向前直冲，你又觉得如何？"

村长说："我也会不高兴，因为我是领导者，他怎么可以冲到我前面去呢？"

佛陀说："是啊！不论快慢你都会不高兴，可你知道生气时，自己的形象、说话的语调是什么样子吗？"

村长听了，冷静地想了片刻，终于意识到了自己的过错之处。他非常愧疚地说："原来是我心量太狭窄了，所以常常发脾气，说话也很粗暴。"

佛陀点头微笑："你也无须自责，若能将缺点、错误改过来，生活中时时以'善解、包容'对待别人，就能改变你的形象，以后大家也会赞叹你是一个知错能改、性情柔和的人。”

村长感恩佛陀的教导，回去后便开始依照奉行了。

村长知错能改，村民们才会给予肯定与赞赏，而村长本人才能收获到最真实的快乐。就像家喻户晓的华盛顿砍樱桃树的事例，父亲对于他的认错态度非常满意，说：“我宁愿失去一打樱桃树，也不愿意你说一句谎话。”这两者的道理是一样的。

忙碌紧张的生活中，难免会出错，犯了错误，自责是对的，但我们不能苛求自己的一切都完美，要容许自己一次的犯错，智者千虑，还有一失呢！不要总是为自己无可挽回的过去忏悔，学会原谅自己，别让自己背负太重的负荷，别让不应该的劳累无端抢走本该属于你的欢乐。

享誉世界的股神——沃伦·巴菲特麾下的伯克希尔哈撒韦公司召开年度股东大会的时候，巴菲特与股东进行了长达6小时的问答。

这时一名在加里福尼亚州有自己的软件公司的股东很直接地发问道：“请巴菲特先生您介绍一下自己是如何看待错误的哲学的。”

巴菲特很快回应说：“很简单，我不会去一直纠结着想这些错误，这其实也没有什么帮助。我想的是从这些错误中学到了什么更多的投资哲学，而这些收获中很大一部分都是关于对人的了解的，我想我可以辨认出那些出类拔萃的人。”

古罗马伟大的哲学家西塞罗说过：“每个人都会犯错，但是，只有愚人才会执过不改。”达尔文也说“任何改正，都是进步”。巴菲特是一智者，他不会对错误耿耿于怀，而是会从这些错误中学到精华，这不也正是我们需要学习的吗？

也许我们还在为儿时失手砸坏邻家花盆却没敢主动承认错误而内疚，还在为错过的一次良缘而叹息，还在为失去的一次机会而懊悔……但完美的生活只会让生命失去意义，失去真实，失去意气风发的自我。

朱自清说：“过去的日子如轻烟，被微风吹散了，如薄雾，被初阳蒸融了。”诗

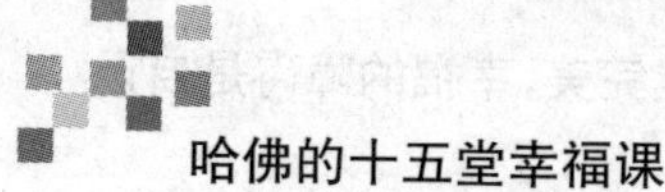

一样的句子，诗一样的日子，就让我们学会原谅自己，忘掉自己曾经的过失，别辜负了自己诗一样的青春年华，别让自己走进死胡同，思想拐个弯，生活海阔天空。

哈佛幸福笔记：

空静山人在《欢愉的法门》中讲道：“人人都可能做错事。做了错事而不知悔改，那是坏人；知道悔改即为好人。所谓放下屠刀，立地成佛，过去的既已无可挽回，那么只有以后坚决纠正即可以补偿。”犯了错误后，不要过于自责，只有尽快走出自责的阴影，才能怀揣一份积极乐观的心态坦然面对未来。

4. 你不必让所有人都满意

每个人看待世界都会有自己独特的感觉与想法,就像一千个读者眼里有一千个哈姆雷特一样,不要试图让所有人都对你满意,否则你将永远得不到属于自己的快乐。网络上曾经流传的一句话说得好:我不是人民币,不可能让每个人都喜欢。

当你内心闪现出希望满足所有人的念头时,你的思路和出发点就出了问题,它会使你丢掉自己的特色,丧失个性,模糊目标受众,而最终的结局还是吃力不讨好。

从前有一位画家,立志要画出一幅让所有人见了都会喜欢的画。

经过几个月的闭关修炼,他终于画出了自认为很满意而且其他人也都会喜欢的一幅画。

他满怀信心地将自己的作品拿到市场上,展现出来让所有人观赏,并在画旁边放了一支笔,附上一则说明:亲爱的朋友们,请对我的作品做个评论,请赐教并在画中标上记号。

到了晚上,画家取回自己的作品时,看到整个画面都涂满了记号——没有一笔一画不被指责。画家心中十分伤心,对这次尝试深感失望。

画家决定换一种方式再去试试,于是他又摹了一张同样的画再次拿到市场上展示,可这一次,他要求每位观赏者将其最为欣赏的妙笔都标上记号。

结果让画家大吃一惊——一切曾被指责的笔画,如今却成为了被赞美的地方。

最后画家不无感慨地说:"我现在终于明白了,无论自己做什么,只要能让一部分人满意就足够了。因为在有些人眼里是丑的东西,在另外一些人眼里却是美好的。"

无论做什么事,你都不能让所有人都满意,因为每个人都有他自己的看法

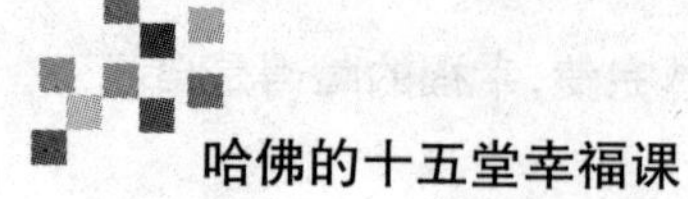

和角度。有时为了取得别人的支持，你可以尽量迁就别人的要求，但是你不能期望所有人都对你感到满意。

不管你做任何事，如何做，总有人表示失望。把别人的看法和意见放在自己身上，只能造成一种失败。在仅涉及你自己追求的目标和做事方式的问题上，你不必太在意别人的看法，在追求成功的过程中，要学会信任自己。

当你因做了一件善事，引起别人注意时，就会听到各种截然不同的评论。张三说你做得好，大公无私；李四说你野心勃勃，一心想往上爬；上司赞你有爱心，值得表扬；下属则说你在做个人宣传……总之，各种各样的议论，有的如同飞絮，有的好似利箭，一一迎面扑来。即便你是好心，即便你尽了全力，但你还是不可能使所有人都对你满意。

不能被别人的舌头压死，要学着走自己的路。成天忧心忡忡担心别人对自己的看法，只能是天下本无事，庸人自扰之。

古时候有两兄弟在街上买了一头驴子。回家路上，哥哥心疼弟弟年幼走不动远路，于是便让弟弟骑驴，自己则在一边牵绳步行。旁人见了，说弟弟只顾自己骑驴，却让哥哥徒步，真不懂事。弟弟深觉不好意思，于是就让哥哥骑驴，自己步行。这时又有人说哥哥真不懂事，只顾自己不顾弟弟。兄弟两人只好都不骑了，这时仍然有人笑话他们有驴子不骑，真是愚蠢……这下兄弟俩不知该如何是好了。

无须让所有人都满意，意思看似简单，道理却很深刻：社会由众生构成，每个人从不同角度去看问题，就必然有各自满意与不满意的地方。就是同一个人随着社会经验、人生阅历的增加，在不同时期也可能有不同看法。所以做一件事只要不违背原则，就无须太在意别人的想法。

就像故事说的那样，每个人的欣赏水平、欣赏角度不一样，所以对同一事物的评价是各不相同，所谓众口难调说的就是这个意思，尤其是在进行艺术创造的时候，如果在意大家的观点，那么创作就会趋于大众口味，结果最多是个三流水平。

纵观古今中外，那些流芳后世的作品在当时都是不被接受的，比如大画家梵高，他一生贫困，他的画在他生前不被人欣赏，直到他去世之后，人们才发现他作品的伟大艺术成就，而和梵高同时代在当时声名显赫的画家又有几个人能被后世知晓呢？

"我们之所以不能让所有人都满意，因为我们并不是所有的人。"意大利诗人但丁在《神曲》中的这句话被大家广泛引用，但是又有几个人能真正做到呢？放弃完美，我们不仅不能要求别人完美，也不能要求自己完美，我们每个人都有自己独特之处，具有别人不可替代的作用，要学着开开心心地享受属于自己的人生。

哈佛幸福笔记：

歌德说："每个人都应该坚持走自己为自己开辟的道路，不被流言所吓倒，不受他人的观点所牵制。"每个人都是独一无二的，没有任何一个人非要在另一个人的赞同下才能感悟到快乐。哈佛幸福课中曾讲到，一个人只有活出自己，才能把人生的天平端平，才能够让自己成功。

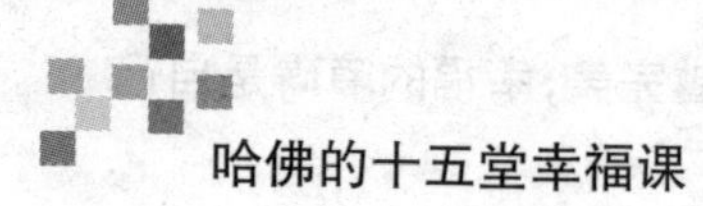

5. 幸福就是遵从自己内心的热情

哈佛大学心理学教授本－沙哈尔的“幸福课”闻名中外，他在为学生简化出的10条小贴士中有这样一条——遵从你内心的热情。大意是选择对你有意义并且能让你快乐的课，不要只是为了轻松地拿一个A而选自己不喜欢甚至根本不感兴趣的课。

享誉世界的“苹果教父”史蒂夫·乔布斯在世时曾说过这样一句话——你的时间有限，所以不要为别人而活，不要被教条所限，不要活在别人的观念里，不要让别人的意见左右自己内心的声音。最重要的是，勇敢地去追随自己的心灵和直觉，只有自己的心灵和直觉才知道你自己的真实想法，其他一切都是次要。

乔布斯的这句话给我们带来了深深的震撼。静心细想，成就一番伟业的唯一途径不就是要真心热爱自己的事业吗？你只有发自内心地去接受并热爱它，才能长久地心甘情愿、孜孜不倦地做下去，随之收获更深切的幸福——这便是“做我所爱”。

由于自己的经营理念和董事会的决议有所出入，乔布斯被“苹果”宣布扫地出门。自己一手创立的公司把自己赶走，倾尽自己全部心血最终却只落得个“净身出户”的下场。

可是这并没有浇灭他对电子行业的热情。历尽艰辛与波折，几经兜兜转转，乔布斯又坐回了“苹果总裁”的位置，并带领“苹果”成就了一个又一个的奇迹。

乔布斯成就了非凡的事业，他说那是因为他很幸运地找到了热爱的职业。事实上，是他内心对工作的热情成就了他。

后来在一次检查中，乔布斯被查出患有胰脏肿瘤，手术后，他又重新回到了苹果公司。回想起这一路经历的波折困苦，乔布斯感慨地说：“人生会用砖头打你的头，但不要丧失信心。我确信，我爱我所做的事情，这就是这些年来我继续走下去的唯一理由。”

乔布斯的热情发自内心，因为是出自真心，所以再苦再累在他看来都是一种享受，一种难得的幸福。遵从内心的热情，活出的是一个真实的自我，这才是人生的大智慧。

1770 年 12 月 16 日，路德维希·范·贝多芬出生在德国波恩，当时波恩是一个人口不满三万的小城。

人们都知道他的《命运》，知道他的《英雄》，知道他的《热情》和《悲怆》，知道创造者贝多芬是伟大的音乐家，人类灵魂的工程师。

在贝多芬 26 岁时，他就开始发现自己的听力渐渐衰退，到了 45 岁时，他的耳朵完全失聪了。对于一个音乐家来说，这无疑是一个致命的打击。

但是，倔强的贝多芬没有屈服于命运的安排，正像他自己所说的那样：“要扼住命运的咽喉……”他用一根小木杆，一端插在钢琴箱内，另一端用牙咬住，用以在作曲时“听音”。可以想象，这一切需要付出多么大的毅力啊！

1824 年 5 月 7 日，贝多芬成功地指挥了他在双耳失聪后创作的不朽作品——《第九(合唱)交响曲》。当台下响起雷鸣般的掌声时，作曲家却全然不知，直到一位女歌唱家牵着他的手，使他面对观众时，他才看到这激动人心的场面。他终于以顽强的意志和信心战胜了命运，赢得了人们的敬仰。

恩格斯在谈到贝多芬的交响乐时，这样写道：“假如你没有听过这样壮丽的作品，那么可以说你一生没有听过什么好的音乐。”耳聋，对平常人是一部分世界的死灭，对音乐家是整个世界的死灭。

可是，我们都愿意相信，耳聋的贝多芬，听不见声音的贝多芬，固执而顽强的贝多芬，当站在台上面对眼前成千上万的观众，挥舞起手中的指挥棒时，他的内心是愉悦与幸福的。生命不息，热情不灭。

我们每个人都有心中所爱，都有心中所想，却因为种种现实而没能实现。但是，现实是人创造的，我们要实现心中的梦想，肯定要付出加倍的努力。

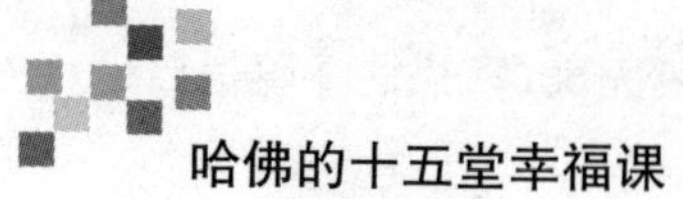

请遵从你内心的热情，生活只有经过了点燃，才会变得生机、澎湃，才会发现幸福所在。

哈佛幸福笔记：

泰勒教授在哈佛幸福课上总结说："我们不是机器人，情绪上的起落都是正常的。给自己一个更好的机会去克服失望和压力，这就是积极心理学。"一个人能够活得幸福，关键在于自己的选择。选择了快乐，幸福翩然而至；选择了希望，失落逃之夭夭。遵从内心的热情，为之不懈努力，才会找到更多的幸福。

幸福小测试：你能接纳并保持自我吗

请按照下列方式选择答案：(1) = 完全错；(2) = 大部分错；(3) = 一半对，一半错；(4) = 大部分对；(5) = 完全对。

1. 当别人恭维我时，我总认为他们是在开玩笑，要不然就语出无心。

2. 如果有人批评我或者说我什么，我通常无法接受。

3. 我在社交场合不太说话，因为我怕如果说错了话，别人会批评我或者取笑我。

4. 我希望找到一个能告诉我如何解决我个人问题的人。

5. 我并不怀疑自己作为一个人的价值，即使别人这样怀疑我。

6. 我知道我处理事情的效率并不很高，但是我就是不相信这和我未能善用精力有关。

7. 我认为我待人的情感与冲动都是十分自然而可以被接纳的。

8. 我害怕我所喜欢的人发现我的真面目，因为我怕他们会对我失望。

9. 我时常为自卑感所困。

10. 由于他人之故，我一直未能获得应有的成就。

11. 在社交场合中，我十分害羞而且敏感。

12. 我从不为做过的事感到满意，即使某件工作成绩很好，我也会觉得那只是牛刀小试，不该为此满足。

13. 我自觉与众不同。我希望自己不要太过与众不同，因为这样才会有安全感。

14. 为了与人相处时获得对方的好感，我往往不顾一切地迎合他人对我的期望。

15. 处理问题时，我的立足点十分稳固，这使我对自己十分有把握。

16. 我觉得自己是个有价值的人。

17. 我无法避免因为对生命中某些人的情感而产生的罪恶感。

18. 我非常敏感。对于别人说的话,我往往会认为他们是在批评或羞辱我,但是事后想想,却又觉得他们也许根本没有那个意思。

19. 我认为我具有多方面的才华,而别人也这么说。我觉得自己未得到应有的重视。

20. 我有信心可以解决未来可能发生的问题。

21. 当我和在学校地位比我高的人在一起的时候,我会显得局促不安。

22. 我认为我是个过分神经质的人。

23. 我很少对别人表示友善,因为我认为他们不会喜欢我。

24. 我想我的表现都是为了给人留下印象。

25. 如果别人恶意批评我,我不会担忧或自责。

26. 我不怕见陌生人。我自认是个有价值的人,别人没有理由不喜欢我。

27. 我有时对自己的能力感到怀疑。

28. 我不觉得自己很正常,但是我希望自己正常。

29. 当我在一群人当中时,我通常不太说话,因为我怕说错话。

30. 即使在别人对我有好感时,我仍然有一种罪恶感,因为我觉得这不是真实的自己,如果我表现出真正的面目,他们就不会喜欢我了。

31. 我有回避自身问题的倾向。

32. 我觉得自己和他人地位平等,而且这有助于与他们建立良好的关系。

33. 我觉得,别人易于对我做出不同于他们在正常情况下对他人所做的反应。

34. 我的学业成就表现不佳是因为不够幸运。

35. 当我必须对一群人演说时,我就会很紧张,而且难以把话说好。

评分标准:

上面的问题,选(1)得 1 分,选(2)得 2 分……以此类推,算出你的得分,然后参照下面的分数解析,来了解你的自我接纳程度如何。

结果解析:

36—110 分:

你对自己的接纳程度偏低，如果你的分数接近 110 分，你或许可以不用担心，但若是低于此分数非常多，你可以试着去阅读一些相关的书籍，或者去找这方面的老师谈一谈，因为低度的自我接纳会影响你很多事情，包括工作上的表现或自我价值感。

111—150 分：

这是一个属于中等程度或正常程度的自我接纳分数，这种程度的接纳正显示了大多数人的样子——一会儿称赞自己，一会儿又责备自己。而这正是反映出我们精益求精与奋发向上的心态，表示我们对自己的行为有较正确的认知。但要注意，不要把目标定得太高，否则会削弱对自己行为应有的积极情绪。

151—180 分：

你认为自己是个有信心而且有价值的人。别人可能觉得你容易沟通，因为你能以客观的态度接受赞美和批评。此外，你的言行往往基于内在价值，并且能为自己的行为所造成的任何后果负责。你有能力处理问题或应对挑战。整体而言，你对生活抱持乐观的态度。

第三课

幸福和金钱并非互相排斥

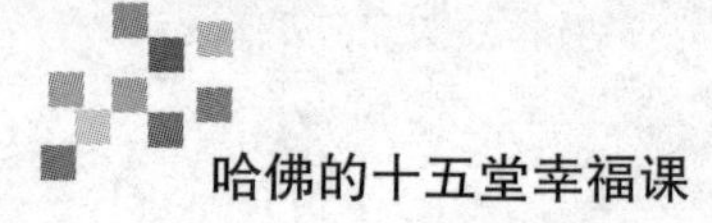

1. 弄清楚真正带给你幸福的是什么

每个人对幸福的感觉都不一样,就要看你追求的是什么了。追求功名利禄的人,喜欢用金钱权势武装自己,将大把大把的钞票玩转于手心,真正做到了“视金钱如粪土”的境界,活在别人羡慕的目光中,沉醉于这份高傲——他们认为这就是幸福。淡泊名利的人,觉得幸福就是在自家庭院放上一把藤椅,温一壶酒,或是烫一壶茶,与家人相亲相守,笑看云卷云舒,即使日子清贫寡淡,倒也清雅自在——在他们看来,这才是真正的幸福。

疲惫于名利场周旋的你,或是陶醉于闲散惬意的你,可否认真思考过:真正带给你幸福的是什么?是身在一个华丽的城市?是拿到高薪待遇?还是安然本分,与亲友一起,踏踏实实地走过这岁月?

在美国的某个小镇,有一个年轻的小伙子,每天以沿街为小镇的人说唱为生。

一位华人很同情他,关切地对他说:“不要再沿街卖唱了,去做一个正当的职业吧。我介绍你到中国去教书,在那儿,你完全可以拿到比你现在高得多的薪水。”

小伙子听后,先是一愣,然后反问道:“难道我现在从事的不是正当的职业吗?我喜欢这个职业,它给我,也给其他人带来欢乐。有什么不好?我何必要远渡重洋,抛弃亲人,抛弃家园,去做我并不喜欢的工作?”

在一些人的眼里,漂泊在著名的国度或者城市,挣到不菲的薪水,本身就是一种荣耀,值得骄傲和自豪。对他们来说,漂泊也可以带来心灵的满足和幸福。而另外一些人则认为,仅仅为了多挣几张钞票,就抛弃家人,远离故土,没有什么可以值得羡慕的。在他们的眼中,家人团聚,平平安安,才是最大的幸福。

“一个在工作中找到意义与快乐的投资家,一个出于正确动机的商人,绝对要比一个心不在焉的和尚,高尚和有意义得多。”本－沙哈尔笃定地说。无论你是穷人还是富人，无论你怎样看待金钱，只要你是在奋斗的历程中收获到了由衷的喜悦与满足，你便与幸福零距离。但是，幸福需要跳出金钱的怪圈，因为我们虽然需要一定数量的金钱来获取和维持幸福，却不能在对金钱的无尽追逐中把幸福丢了。正如那句发人深省的广告语："当我们在为幸福疲于奔波的时候，幸福正在离我们远去。"

在重庆北碚一偏远小镇上，有一家面馆，面馆的老板是一位年已花甲的老人——平日身着一件白衬衣，打着领带，显得精神矍铄，碰见熟人，就像江湖中人般双手抱拳打招呼。

他叫余积廉，在20世纪八九十年代，他的身份是香港唯益电影公司总经理、独立制片人、知名动作片导演。

1998年起，余积廉这个名字突然在香港演艺圈销声匿迹。"躲到这里卖小面来了。在复杂的演艺圈待久了，累！平凡才是幸福。"他说。

奋斗、成功、思考、寻找、醒悟、隐居，到真正懂得什么叫幸福——余积廉说，他的人生就是一个回归自然的过程。"我觉得自己人生的转型就像一部电影。当你什么也不是时，就想要出人头地。真到了那一天，才会发现，幸福原来就在起点。"

"别人都说香港是天堂，在我看来，这里才是修身养性的天堂。虽然物质条件差些，但有爱情，有咖啡，这就够了。这里的人淳朴，洗涤了我过去的圆滑与势利。这里的山、树、水，还有山边的小屋，让我懂得什么叫生活，也给了我绘画的灵感。"余积廉说，他有一种脱胎换骨重生的感觉。

最后，余积廉告诉记者，他于三年前就在筹划一个剧本，要将它拍出最好的效果来，以前拍电影纯粹是为了挣钱，现在是因为爱这座城市，没有任何利益的想法。

住别墅开跑车是一种幸福，吃馒头就咸菜也是一种幸福。我们的幸福与金钱有关，却是远远超越金钱。我们在获得金钱的过程中，倾注对生活的希望，凝结对亲人、家庭的关爱和立志对更高层次需求的追求，这种幸福是过程中的

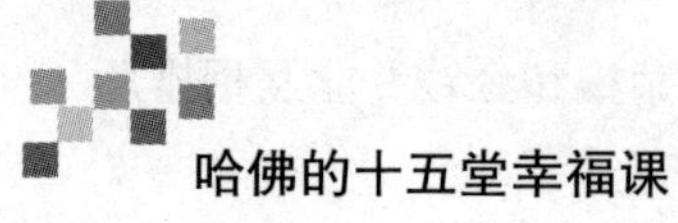

体会。

当代英国爱尔兰著名圣经注释学家巴克莱博士在《花香满径》开篇中曾指出:“幸福的生活有三个不可缺少的因素:一是有希望,二是有事做,三是能爱人。”其实幸福与否真的只是个人的感觉而已,很多时候,我们会看到那些比我们在物质上更匮乏的人过得更幸福,这时,我们是不是该重新审视一下我们的幸福感了呢?

哈佛幸福笔记:

哈佛幸福大师泰勒·本-沙哈尔说:“我认为幸福才应是至高的财富,而金钱或身份绝不是用来衡量生命的标准。当我开始研究积极心理学后,我的人生也发生了彻底改变。我发现原来幸福就在于能掌握的积极心理力量……”

2. 越幸福越成功，而非越成功越幸福

网络上曾流传有这样一名贴:“成功如花，幸福是根。”意思大致是说如果你是幸福的，那么你所拥有的成功便像花儿一样芬芳灿烂，美了自己，醉了旁人。但倘若你腰缠万贯，坐拥广厦千间，日日繁华，夜夜笙歌，被标榜为“事业的成功者”，却没有幸福做根基来支撑你的所有，那么你成功的这朵花开得再艳也不过是虚荣的点缀，鲜艳的花瓣下充满的是凄冷与孤寂，你也是生活的失败者。

成功可以让人活得更好，成功所带来的财富能让人实现许多期望已久的梦想——住别墅，开好车，穿名牌……更多的享受，更多的羡慕，更多的风光。

然而，这些必须建立在幸福的根上才有意义。

出生并成长于以色列的泰勒·本-沙哈尔，在他16岁那年，一举获得了全美壁球赛冠军。也正是那次“成功”的经历让他对幸福的理解有了根本性的转变。

在赛前他经历了长达5年的艰苦训练。而他在这看似充实紧张的训练中，却始终清晰地感觉到莫名的寂寞与空虚。没有退路的他仍然坚信着:坚持下去吧，最终的胜利一定会带来真切的幸福与充实感。

后来，他如愿夺冠，当晚便和家人、朋友举行了隆重的庆贺。

“可就在那天晚上，我坐在床上，努力尝试着再回味一下这来之不易的快乐。可是，那种胜利的感觉，那种梦想成真的喜悦，都消失得无影无踪，有的只是迷惘和恐惧。我的内心，忽然又变得很空虚。泪水涌出，不再是喜极而泣，而是伤心难过。在成功的光环下，尚不能感到幸福，那我将到何处去寻找我人生的幸福?”本-沙哈尔如是说。

在接下来的日子里，他非但没有找回快乐，内心的空虚感反而越来越重。慢慢地他发现:这样的成功，并没有为他带来任何幸福。

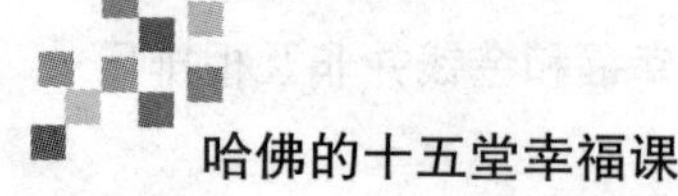

莫城企业公司前总裁兼董事会主席伯里·戈迪告诫过我们这样一句话:除非你把幸福快乐放在成功之前,否则你的成功反而会破坏你的快乐!拿破仑的成功令无数统治者望尘莫及,拥有普通人所追求的一切——荣耀、权力、财富,但是他却说:“我这一生快乐幸福的时间加起来还不到一个小时”。

我们生活中的一部分“成功人士”,表面上事业有成,风光无限,内心却感到匮乏——有的与家庭疏远隔膜,与妻儿形同陌路;有的身患重疾,连看到第二天的太阳都成了奢望;有的终日流连于花天酒地,却没有一个知心的朋友……也许普通人的经济条件与他们相比,有着天壤之别,然而,他们内心深处的空虚,比常人尤甚。

在百家讲坛以一部《论语心得》语惊四座而一举成名的于丹,被视为成功女性的典范。

被记者问及家庭与事业、幸福与成功之间的关联这个问题时,于丹并没有正面回答,她只是与大家分享了自己所认为的成功女性的四种角色:职业角色、家庭角色、社交角色和自我定位。

“除了事业之外,我常常关注的是‘我是不是跟家人在一起的时间少了’、‘最近是不是锻炼少了’、‘是不是与朋友疏远了’……一旦意识到这些,哪怕一天什么不干,我也会去陪陪家人、练练瑜伽、会会朋友。看起来好像少干了很多正事,但是我知道不能‘损不足而奉有余’。”

有了这些角色,我们便也不难知道于丹教授的幸福缘何而来了,她的成功更不是一朝一夕偶然得以实现的。

幸福是一种心境,在人生的未知征途中静静修炼自己的心灵,你会发现追寻幸福本身就是一种幸福。幸福是生命的目的,成功是生命的驿站。

被誉为娱乐圈“才女”的徐静蕾,关于成功和幸福,她自有定义:“一个人最大的成功就是按照她想要的方式去生活,但‘成功’这个词太过现实,因为每个人成功的标准都不一样,反而用‘幸福’这个词更好。我觉得人生最幸福的事一是有松弛的状态，二是过想过的生活。我认为的幸福感来自一种爱，这样最幸福。"

哈佛幸福笔记：

哈佛幸福大师泰勒·本－沙哈尔对成功与幸福的定论深有感触，他坚定地认为："幸福感是衡量人生的唯一标准，是所有目标的最终目标。"一个真正能够感知到幸福的人，不会向人炫耀他的成功，更不会拿他拥有的金钱当筹码，因为他深知，既有的幸福感才是一笔无价的财富。

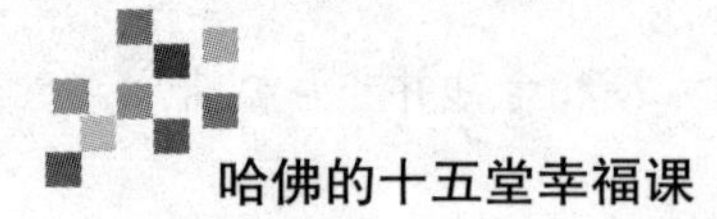

3. 幸福的人不必刻意拼得名利

在今天这个物欲横流的社会里，我们渐渐被同化——灯红酒绿的世界被欲望充斥，当初纯真洁净的心慢慢为贪念与虚荣蒙蔽了。在日益煎熬难捱的日子里，我们反复询问自己：为什么他人可以有高地位、高收入？为什么我就是没有他们活得幸福？……如此周旋，日以继夜，我们仍停留在痛苦的原地。停一下脚步，转过身来，你可知晓，真正幸福的人，从来不会刻意想着要去拼得名利，拥有万贯家财。

在奥巴马被选上新一任美国总统时，他的弟弟马克·恩德桑乔，正在中国深圳自己开的木屋烧烤店里认真地为顾客做着烧烤。

有人将他哥哥当选为总统的新闻告知他，并羡慕地说他就要远走高飞，跟着当总统的哥哥去接受荣耀时，恩德桑乔没有表现出意料之中的欣喜若狂。

只见他边为顾客做烧烤，边安静地说道：他当他的总统，我做我的烧烤，这有什么关系呢？我在做烧烤时，觉得这是人生中最幸福和快乐的事。如果将来哥哥到中国拜访，来到我的小木屋，我还可以做烧烤接待他，这是何等浪漫和有趣的一幕啊。

恩德桑乔望着面前的一堆炭火，眼光中，有一种令人向往的淡定，一种放飞心灵的愉悦和快乐——是啊，在恩德桑乔眼里，当总统与做烧烤没有什么不同，只要本人感到快乐就行了。

真正幸福的人，会将生活看成一种恩赐，即使身处贫寒亦甘之如饴。既有快意舒坦的人生，何必去仰望“总统”的高度；既能享受生活的赐福，又何必羡慕富豪口袋里的金银？

1924年，一个炎热的夏天，西方大哲学家罗素来到中国四川。

罗素与同伴各自坐着两人抬的竹轿上峨眉山。当他看到几位轿夫沿着陡峭险峻的山路前行,累得大汗淋漓时,观赏峨眉山景观的闲适心情一下子没了。

他想,这些轿夫一定特别痛恨坐轿的人,他们一定在想,为什么自己不是坐轿的人而是抬轿的人呢?

当到了山腰的一个小平台时,罗素让轿夫停下来休息。

他下了竹轿,细心地观察轿夫的表情。

只见他们拿出烟斗,坐成行,有说有笑地讲着事情,对于闷热的天气和坐轿的人没有丝毫埋怨,对自己的命运更没有感到丝毫的悲苦,反倒兴高采烈地给罗素讲自己家乡的笑话,还好奇地问罗素一些有关国外的事情。

交谈中,他们还不时发出高兴的笑声。

之后,罗素在其《中国人的性格》一文中讲到了这个故事。他的著名人生观点就是:用自以为是的眼光看待别人的幸福是错误的。

灵修大师梅勒在《上帝的公式》里讲过一个故事。丈夫对妻子说:我一定要努力拼搏,挣更多的钱,让你一辈子过幸福的日子。妻子淡淡地回答:我们现在不是很幸福了吗?无论你再怎么努力,我们的幸福不会增加,不过是多一些钱罢了。

一身显赫荣耀的王子,并不一定就比风餐露宿的乞丐幸福。同样的,腰缠万贯的富豪所拥有的幸福,并不一定就会比粗茶淡饭的平民百姓拥有的多。尊卑贵贱,贫穷富有,只能成为衡量幸福的筹码,而这,与秤砣无关。

哈佛幸福笔记:

伟大的西班牙作家伊巴涅斯说:"我有权成为幸福的人,哪里有幸福就到哪里去寻找。"这个世界上,每个人都有自己的位置,同样的,每个人也都有自己的追求。不必非要当富豪甚至总统才会觉得快乐,选择适合自己的生活,得到自己想要的生活,便是真正的幸福。

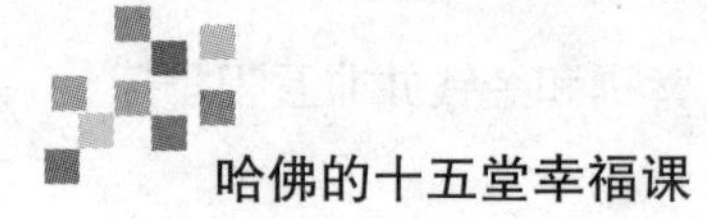

4. 发挥长处，增强幸福感

范伟在《老大的幸福》里说过："拿自己的短处和别人的长处比，怎么比怎么憋屈；拿自己的长处和别人的短处比，怎么比怎么幸福。"

有残缺的生活才有奔头，有优劣的人才算是完整，苦恼、埋怨、不满……甚至更多的羡慕嫉妒恨，都来自一个人的攀比心。一味地比较，只会让贪婪与虚荣蒙蔽你的双眼，何谈发现幸福？你因自卑而产生的抱怨一遍又一遍地重复在每天的清晨黄昏，生活中所有的欢乐愉快全被淹没阵亡，而你本身的长处也在你日复一日的唾沫星子里失去了彰显的力气。

"人一生追求功名利禄，但最终还是要寻找幸福。"在中央电视台客串主持心理健康节目的清华大学副教授张小琴看多了上节目的不快乐的人，心生感慨。

或许你没有太多的金钱做武装，没有那么多的名牌做粉饰；也或许你勒紧裤腰带过日子，花钱从不敢大手大脚……但这些都没有关系，钱不能带给你想要的一切，学会经营自己的长处，才能获得长久的幸福。

有个老铁匠，临死的时候只给两个儿子留了两块上等的好铁。

老大魁梧高大，便用那块铁打了一把宝剑，每天刻苦练剑；老二瘦小孱弱，就把那块铁磨成了锥子，做点针头线脑的小生意。

哥哥不满弟弟的不思进取，说："我习武练剑，今后必定当高官，有大把大把的钱花，而你整天拿着锥子与针线过活，只能生活贫贱，顶多成个贪取蝇头小利的商人。"

弟弟听了不置可否，继续埋头做自己的小生意。

不久，异国入侵，老大走上了战场，挥剑劈敌无数，立下赫赫战功，成了国家栋梁，荣华富贵不请而至，金银财宝随之而来。

老二的妻子埋怨丈夫，当初何不将那块铁铸了宝剑，生活也不至于像今天这样寒酸，可是老二却说："我天生就是做小本生意的命，况且这样也挺好的呀！"

几年后，皇帝听信奸臣谗言，打发老大回老家了。

回到家乡的老大，英雄无用武之地，家财早已散尽，还得靠瘦小的弟弟用锥子替别人干活挣两个小钱来维持生活，他不由地感叹："有再多钱又能怎么样呢？现在还不是一样没了？还是你好啊，没多少钱，倒落得惬意自在！"

屠格涅夫说："人生的最美，就是一边走，一边拣拾散落在路边的花朵。"舒适的鞋子养脚，选一双合脚的鞋，才能走更远的路。而舒适的鞋子，不一定是最漂亮的，切莫贪图鞋的富贵，而委屈自己的脚。别人看到的是鞋，自己感受的是脚，脚比鞋重要，可是在我们的生活中，却有很多人忘记这一点。

"幸福是知道自己拥有什么，能做什么并将这些发挥到极致的人。"亚洲积极心理学研究院首席研究员汪冰在接受采访时表示。或许，在寻寻觅觅过后终会发现，幸福就如同诺贝尔文学奖得主梅特林克曾经比喻成的那只青鸟——"在自己的身边"。

幸福是非常主观的，拥有很多财富并且是其他人眼中"成功人士"的人，不一定就比社会底层的人幸福。正因如此，本－沙哈尔博士认为，持续地用量化方式来追问自己是否幸福意义并不大，关键是如何"努力去想一些能带来更愉悦生活的事情，并投入行动"。当他自己最终跳出"发表论文，只关注心理学理论而不关注怎样实际帮助人们"的樊篱时，他也获得了真切的幸福。

美国作家亨利·曼肯说："如果你想幸福，非常简单，就是和那些比你更穷、房子更小、车子更差的人相比，这样，你的幸福感就会增加。"就像一只小鸡看见一只苍鹰在高高的蓝天上飞过，十分羡慕，于是它向母鸡抱怨：我们也有一对大翅膀，为什么不能像鹰那样高飞？母鸡回答说：飞得高有什么用处，蓝天上没有谷粒，也不会有虫子啊！

不日前，舒淇、李嘉欣两大影星不约而同发表同感微博，坦言幸福在于内心的体验，而非攀比。对她们而言，历经生活艰辛，尝尽人间冷暖，身价不菲，

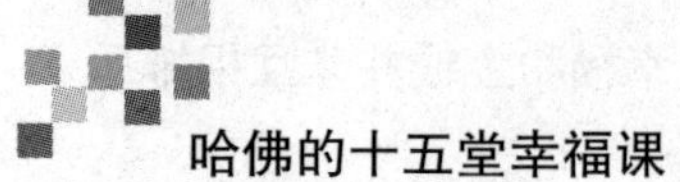

财富更是不可斗量，对于幸福的体验却最终浓缩为几个字——要珍惜，不要攀比。

哈佛幸福笔记：

本－沙哈尔直接点出幸福的要害："在前往幸福的路上，我们经常会急于要达到终点，忘记了去享受过程。以追求幸福之名，我们会觉得我们需要更多名利才能幸福，于是我们就把我们所有的时间用来变得更加富有和有权势。然而，事实上，这些成就并不能维持幸福。要得到幸福，我们要追求那些对我们自己而言很有意义、又让我们愉快的事情。我们要学会在前往一个我们认为非常值得和重要的目的地的同时，享受旅程中的快乐。"

5. 重新定义“富有”的意义

“不论你多么富有,多么有权势,当生命结束的时候,所有的一切都只能留在世上,唯有灵魂跟着你去走下一段旅程。人生不是一场物质的盛宴,而是一次灵魂的修炼,使它在谢幕之时比开幕之初更为高尚,更为炫丽。”这是日航CEO稻盛和夫关于生命与财富所说的话,将物质与灵魂放在同一平面上,让我们警醒地发现:富有,远不止我们想得那么直观。

人常常把金钱和快乐系在一股麻绳上,固执地认为钱是快乐的基础。可是据统计,自二战结束以来,西方国家的个人所得增加了三倍,中国增加得更多,但我们的压力、焦虑和忧郁程度,却是历史上最高。

古罗马人有句格言:“财富像盐水,喝得越多就越渴。”知足的人永不贫穷,同样的,不知足的人永不富有。倘若一个人身价不菲,手里握着万贯家财,却时时提防着外人的侵吞,苦累的日子无休无止,不仅如此,家人还为此起了争端,那更是人生一大不幸。

李老先生今年已60多岁了,却依然早出晚归忙于自家生意——家产实在是太大了。

据大概统计,李老先生名下的资产有这样一张大体的清单:

1. 土地40亩(现价120－130万每亩);
2. 厂房、办公楼、设备等固定资产值7000－8000万(包括土地);
3. 独幢别墅三幢,每幢现市值900万左右;
4. 价值约1000万的房产及店面。

李先生有两儿一女,唯一的女儿一直在家养尊处优从未工作过。两个儿子均在自己家企业工作,却完全不是做生意的材料。单独出去做生意,公司开一家赔一家,这几年做生意赔掉的本钱少说也有两三千万。这就导致李老先生一直不敢退休,这么大年纪了还要奋战在第一线。

李老先生痛苦地说,这个家一直是内战不断,父子严重不和,儿女间一直无

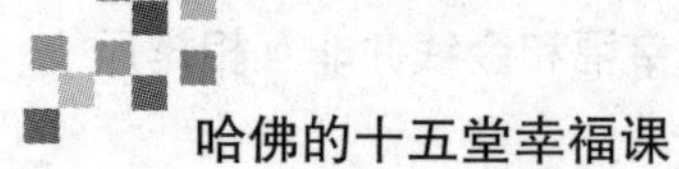

休止地争家产。

他大儿子一直要求他退位，把工厂交给自己管理，因此不但把他重用的人一个个赶走，有一次甚至把企业新造好的整幢办公楼的玻璃窗全砸碎了，没有人敢拦他，也不能报警。

大家可以想想，身为“大富翁”的李老先生在这个年纪应当是颐养天年的时候，而如今这情况，他该有多痛苦。

当我们短衣陋屋、食不果腹的时候，渴望的是锦衣玉食、玉盘珍馐。而当我们真正能拥有这些梦寐许久的东西的时候，快乐却转身离我们而去。富有了，真的就幸福了吗？

有人说：如果我能为我以往每一次的欢笑收集5分钱，那么我现在已经是一个十分富有的人了。其实，我们都比想象中的要富有，只是我们总觉得不够、不够、还不够……贪念如魔咒一般驱赶着我们追求利欲的步伐，诱惑着我们去追求更多。

在某报刊上，曾刊登这样一篇名为《最富有的人》的文章：

我是一个富有的人。我打算起诉《福布斯》杂志，因为它毫无理由地将我忽视，在它公布的全球富人排行榜中，包括据说拥有数百亿美元家产的文莱苏丹等人，而我却榜上无名，然而富有又岂能用金钱来衡量？

我是个富人，拥有健康。我有一个温暖的家：妻子贤惠，与我互敬互爱；子女孝顺，给我带来无尽幸福；孙儿活泼可爱，令我开怀。兄弟姐妹与朋友都很关心我。有人真诚地爱着我，我也真诚地爱着他们。我只有四个忠实的读者，但他们都认真阅读我的作品，为此我衷心地感谢他们。

我有一间房，房子里有很多书。我拥有一个果园，它每年都为我献上甜美的苹果。我还有一只狗，在我回家之前它不会去睡觉，它总是欢快地迎接我回家。

我的眼睛能看，耳朵能听，脚可以走路，手可以活动，脑子里还能想事情——想那些发生在别人身上但我却未经历过的事情。

我是自己的主人，享受生活的欢乐，分担别人的痛苦。还有谁的财富比我多？为什么《福布斯》杂志不将我评选为世界上最富有的人？

纵然家有高楼大厦，而人只能住一间屋，睡一张床；纵然家有万担食粮，而一日只食三餐；纵然金银成堆成山，却是只能看一眼。文章里说得好——富有又岂能用金钱来衡量？

历代君王坐拥天下，俯瞰江山，锦衣玉食，养尊处优。他们拥有万千珠宝，锦罗绸缎，但他们真的富有吗？纵有手足兄弟，哪一个对他真心相待？纵上千佳丽，哪个对他至情至爱？他们拥有常人梦想得到的一切，但对于兄弟之义、伉俪深情，却一贫如洗。

一位富翁临终时说："钱乃身外之物，生不带来，死不带去，能够安身立命足矣。"

贫在内心，富亦在内心。

哈佛幸福笔记：

哈佛教授泰勒·本－沙哈尔说过："人们衡量商业成就时，标准是钱。用钱去评估资产和债务、利润和亏损，所有与钱无关的都不会被考虑进去，金钱是最高的财富。但是我认为，人生与商业一样，也有盈利和亏损。"

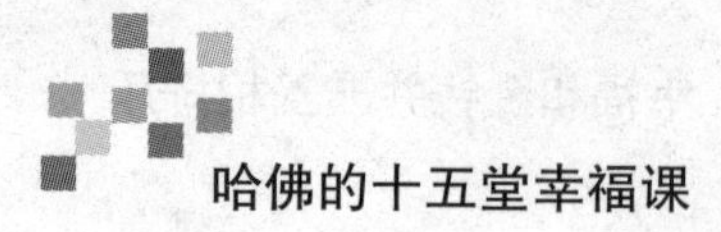

幸福小测试:你对金钱的欲望有多大

若你参加一场宴会,服务生端着果汁给你,而托盘的杯子里有着不同分量的果汁,你会选择哪一杯?

A. 空杯,正准备要倒入

B. 半杯

C. 七分满

D. 全满

测评解析:

选择 A 的人:

你是一个对金钱欲望非常强的人,但是你却常常搞不清楚你到底有多少钱,所以你是一个很会赚钱的穷人。

选择 B 的人:

你是一个做事非常谨慎的人,所以对金钱的处理也是同样的谨慎,因此你是一个对金钱欲望不太强烈的人。

选择 C 的人:

你是一个凡事都会留后路的人,自制的能力很强,且不会轻易进行危险的金钱交易,所以你是一个对金钱欲望强烈但也善于支配的人。

选择 D 的人:

你是一个非常贪婪的人,对于所有东西都想尽收眼底,对金钱的贪婪极强,欲望也极强。

第四课

有点负面情绪是好的

1.幸福的含义,并非抗拒和排斥坏情绪

现实生活中,许多人的生活被唉声叹气和怨天尤人的抱怨所填满。每天早晨睁开眼睛,看见太阳觉得热,人一下子就蔫巴了;没看见太阳又说天气不好,心情更灰暗了。听见窗外鸟鸣觉得吵,听见门口邻居聊天心里又犯嘀咕:整天叨叨,有什么意思?!……总之是看这也不顺眼,听那也不对劲,不是大骂时事不公,就是哀叹老天无眼,没有一天能真正快乐地走过来。

其实何苦又何必呢?你高兴了,太阳照样高高挂起;你不高兴了,阳光依旧普照大地。你觉得这世人乃至这世道都与你过不去,怎么不细细反想:这些坏情绪,不都是自己横挑鼻子竖挑眼硬给挑出来的吗?

苏艳就是一位非常会利用负面情绪的女性,当她感觉到自己有一种负面情绪时,她外在的意识通常就会提醒她对这种负面情绪作出估计。假如,最近她感到工作很有"压力",她就会问自己:"最近是否需要在工作中加入一些动力?"

如果答案是肯定的,她就会让自己去体会这种"压力",这是她的选择。当她主动这么做的时候,事实上,这时候的压力已经不再是"压力"了,它更是一种刺激、一种挑战、一种动力。

哲学家培根说:"想要支配自然,首先就得顺从它。"虽然接受并不意味着可以改变坏情绪本身,但却能让你顺其自然,将其慢慢淡化。

一个懂得如何去接受坏情绪的人,永远都有一颗天天向上的心,饱满的热情犹如明亮的阳光,令每一个日子都有温暖的感觉。而自始至终都在固执地抵抗坏情绪的人,一味的死脑筋,思路直线延伸,将自己逼进死胡同,原地打转,却怎么都跳不出坏情绪这个圈。

妮娜因为与同事在工作上有了纠纷,感到非常生气。

她生气地回到家，吃不下，睡不着，烦躁不安，只要一想到工作上的事，就感到心烦意乱，恨意一发不可收拾——恨不得现在就起身再去找同事理论一番。

隔天一早，她收到了两封邮件。

一封是一位去外地度假的朋友寄来的漂亮的明信片。想到还有人会记着她，不由感到很高兴。

另一封则是邀请她到乡间度周末的信函——想到这个周末可以在乡间小路上散散步，呼吸新鲜空气，她的心情顿时开朗了起来。

午餐时她外出逛街，正好找到了她想要送给朋友的生日礼物，这令她更感欣喜。

此时的她原谅了一切不如意的事物，因为气恼在她的脑中已无法占有一席之地。

妮娜决定要采取一些行动。她打了个电话给一位朋友，告诉她自己和同事所发生的事情。

朋友仔细聆听之后，告诉妮娜不值得为这件小事影响好心情。

妮娜感到心头的一块石头落了地。她决定，不再专注于令自己不开心的事，而要把注意力集中于愉悦与感激的感受之上。这样想来，她愈加觉得如释重负了。

良好的心态其实是生活快乐的秘诀，也是一剂良方。每个人都会遇到不顺心的事情，无论是在工作还是生活中，谁都会有郁闷的时候。不要排斥你的坏情绪，你的抗拒可能会衍生出新的烦恼。认真地回味事情的发生发展，坦然地接受，原本心情低落的你会蓦然发现：其实这也没什么大不了的，一切都会过去的。

相传，有个寺院的住持定了一个特别的规矩：每到年底，寺院里的和尚都要对住持说两个字。第一年年底，住持问新和尚最想说的话是什么，新和尚说："床硬。"第二年年底，他说："食劣。"到了第三年，还没等住持问，他便说："告辞。"住持望着和尚离去的背影，自言自语："心中有魔，难成正果。可惜！可惜！"

生活是一条被粉饰、被包装的暗盒，打开来才知并不是像我们所设想的那

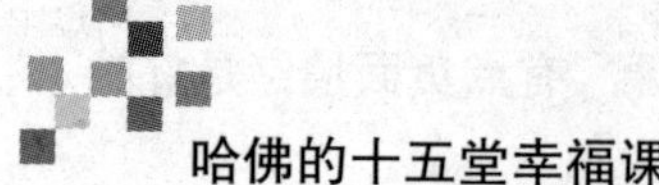

样烂漫。但是，生活是一条线，我们依然要走下去。暗滩险流抑或落英缤纷，只要我们能时刻包容接纳着自己的坏情绪，给他人一个原谅，给自己一个台阶，就能品着快乐的果实，沐浴幸福的阳光。

哈佛幸福笔记：

沙哈尔说："具体地说，在看待自己的生命时，可以把负面情绪当作支出，把正面情绪当作收入。当正面情绪多于负面情绪时，我们在幸福这一'至高财富'上就赢利了。"每个人都会体验到心理的高峰和低谷，要接受自己每一个当下所体验到的各种情绪。

2. 别被坏情绪所奴役

喜怒哀乐，实属人之常情。虽然情绪无时不在影响着我们的行动，我们也时刻都被情绪所牵绊着。但倘若不合时宜地表达自己的情绪，被情绪奴役，那么就有可能造成无法挽救的损失。

某人在公司受了批评，回到家把在沙发上跳来跳去的孩子骂了一顿；孩子心里窝火，看见自己家的猫，就狠狠地踢了一脚；猫负痛跳到了街上，正好一辆车开过来，司机紧急避让这只猫，结果把路边的一个小孩撞了……这就是心理学上著名的“踢猫效应”。

一位心理学家说：“愤怒时要制怒，过喜时要收敛，悲伤时要转移，忧愁时要释放，焦虑时要消遣，惊慌时要镇静。”如果我们“恰到好处”地安置好自己的情绪，时刻保持一份好心情，那么我们就掌握了情绪的主动权。

1965 年 9 月 7 日，世界台球冠军争夺赛在纽约举行。此刻的路易斯·福克斯十分得意，因为他远远领先对手，只要再得几分便可登上冠军的宝座。

然而，正当他全力以赴拿下比赛时，发生了令他意料不到的小事：一只苍蝇落在台球上。

这时的路易斯本没在意，一挥手赶走苍蝇，俯下身准备击球。可当他的目光落到主球上，这只可恶的苍蝇又落到了主球上。在观众的笑声中，路易斯又去赶苍蝇，情绪也受到了影响。然而，这只苍蝇好像故意要和他作对，他一回到台盘，它也跟着飞了回来，惹得在场的观众开怀大笑。

路易斯的情绪恶劣到了极点，终于失去了冷静和理智，愤怒地用球杆去击打苍蝇，不小心球杆碰动台球，被裁判判为击球，从而失去了一轮机会。

本以为败局已定的竞争对手约翰·迪瑞见状勇气大增，信心十足，最终赶上并超过路易斯，夺得了冠军。

大仲马曾经说过：“烦恼与欢喜，成功和失败，仅系于一念之间。”是啊，我们

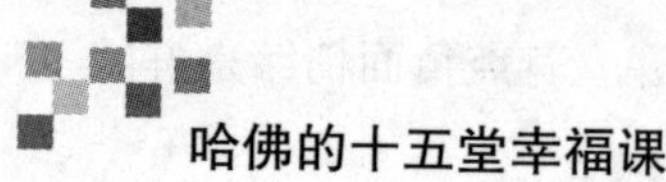

有时候急功近利，有时候烦躁不安，这些隐晦的不良情绪将会主控我们的头脑，让我们无法正确把握自己前行的方向。

关于情绪，罗伯·怀特也说："任何时候，一个人都不应该做自己情绪的奴隶，不应该使一切行动都受制于自己的情绪，而应该反过来控制情绪。无论境况多么糟糕，你应该努力去支配你的环境，把自己从黑暗中拯救出来。"

试着平静下来，找出让自己情绪起伏的原因，千万别将情绪的按钮交给别人，这样才能做自己情绪的主人，重新打开被阻塞的能量。

坏情绪就像污染一样无处不在，我们时时都在为自己的坏情绪买额外的单：生气、嫉妒、担忧、沮丧、自责、憎恨……这些负面情绪像一摊摊难堪的墨迹。

每个人都有七情六欲和喜怒哀乐，坏情绪是人人都避免不了的。很多时候，我们因为别人而生气，其实就是拿别人的错误惩罚自己。

一位女士抱怨道："我活得很不快乐，因为先生常出差不在家。"——她把快乐钥匙放在先生手里。

一位妈妈说："我的孩子不听话，叫我很生气！"——她把快乐钥匙交给了孩子。

一位男士说："上司不赏识我，所以我情绪低落。"——这把快乐钥匙又被塞在老板手里。

婆婆说："我的媳妇不孝顺，我真命苦！"——她的快乐钥匙由儿媳妇保管。

年轻人从文具店走出来说："那位老板服务态度恶劣，把我气炸了！"——快乐钥匙被一个文具店老板拿着了。

……

这些人都做了相同的决定，就是让别人来控制自己的心情。

每人心中都有把"快乐的钥匙"，但我们却常在不知不觉中把它交给别人掌管。一个成熟的人会紧握着快乐钥匙，他不期待别人使他快乐，反而能将快乐与幸福带给别人。

如果我们把"快乐钥匙"交给别人，就把自己的快乐建立在了别人的行为上，即要求他们使我们快乐，似乎自己是一个可怜的无法自主的木偶，喜怒只能任别人摆布，这是很不明智的做法。自己不快乐，只会让自己心情糟糕，除此以外能给伤害你的人带来什么影响呢？

适时而怒，偶尔不悦，喜怒溢于言表，并非俗态。从不懊恼，绝不哀怨，反倒令人奇怪，并非能得到赞誉。做一个明智的人，要能收束情绪，千万别成为情绪的奴隶。你的快乐钥匙在那里？还在别人手中吗？快去把它拿回来吧，紧紧地握在自己的手中！

哈佛幸福笔记：

哈佛大学里流传有这样一句话："微笑使人更美丽、更愉快，却不费分文。"快乐的就是有希望的，有希望的就是充满真挚的，真挚的就是最美丽的。用心守候在灵魂深处，驱走坏情绪的阴霾，让开心的幸福，涤荡出一份灿烂的美丽心情！

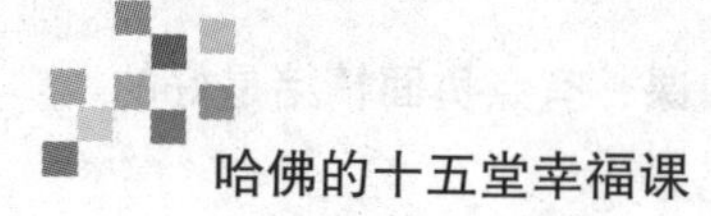

3. 愤怒不可以消除，但可以控制

著名作家哈理斯和朋友在报摊上买报纸，朋友礼貌地对报贩说了声谢谢，报贩却冷着一张脸，头也不抬。“这家伙态度真差！”回去的路上哈理斯气愤地说。“他一直都是这样的。”朋友说。哈里斯很奇怪：“那么你为什么不生气？”朋友答道：“气愤是有，但为什么我要让他的态度决定我的心情？”

生活中，愤怒无处不在——夫妻间吵架拌嘴，员工与老板互相抱怨，孩子顶撞父母或者父母责骂孩子，甚至下班路上的拥堵也能让我们坐在车里一边狂按喇叭一边破口大骂……

愤怒是毒药，往往在发作的时候使人失去理智，意识混沌之时连世界也跟着不清醒，只觉胸腔内怒火“噼里啪啦”的声响，燃烧得不痛快……让愤怒的火苗喷薄而出，其结果是烧伤了别人，灼痛了自己。

从前有一个脾气非常大的人，动不动就发火，一点小事就暴跳如雷。与邻居街坊有纠缠不完的是是非非，沿街叫骂更是家常便饭，甚至经常跟人大打出手。

如此行径，久而久之，大家对他都敬而远之，没人愿意与他来往了。

有天晚上，他躺在床上琢磨以前为什么总是跟他人动怒，打架。

这样思前想后了半天，更加认为都是别人得罪了他，要不就是冒犯了他。

第二天，他收拾好行李，一个人来到深山里隐居。

他觉得在这个与世隔绝的地方，没有其他人的骚扰，可以一个人安安静静地修身养性，只有这样才能不让自己再轻易发火了。

一天，他去山下的小溪里汲水，没想到装满水还没有走多远，一不小心就把罐子弄倒了，水全泼了。他只好再去汲水，可是往回没走到一半，又把罐子里的水全洒了。第三次他小心又小心，结果还是没把水弄回去。

他顿时火冒三丈，抬手就把罐子砸碎在了石头上……

不会控制自己愤怒的人，犹如处在火苗的包围圈里，一点即着，而本身也随着愈燃愈旺的怒火变得更加怒不可遏。

有许多人坐在一间屋子里，谈论某人的品行。其中一个人说道："这个人别的都好，只有两件事不好：一是他常常动火发怒，二是做起事来很鲁莽。"不料所说的这个人恰巧从门外经过听到了这些话，立刻怒气冲冲，走进屋内，指着那个人大吼："我什么时候动火发怒，什么时候做事鲁莽？！"众人面面相觑，许久才轻声说道："你现在不是正在发怒鲁莽吗？"

被愤怒使唤得成了习惯的人，将体现在自己身上的任何愤怒，都视为平常；而将他人表现出的一切言行，都视作过分。愤怒是人之常情，无法彻底去除，然而却是可以控制的，一个人若是控制不了自己愤怒的情绪，便犹如一头发飙的狮子，往往会给别人带来伤害。

在美国南北战争期间，陆军部长斯坦顿气呼呼地找到林肯，告状说：一位少将用侮辱的话指责他偏袒一些人。

林肯建议这位部长写封信狠狠地骂这位少将一通。

于是部长写了一封措辞尖刻的信并给林肯过目，林肯见了高声叫好。

但当这位部长要将信寄出时林肯阻止了他，林肯说："不要胡闹，这封信不能发，快把它扔到炉子里去。"

"为什么呢？"部长很是不解。

林肯语重心长地说："人总是有憋气窝火的时候，把这种愤怒和不满堆在心中是有害的，但不能被这种坏情绪所奴役，因为将其反击回去或是发泄给别人更有害。"

"怎样做呢？"

"通过写信的形式发泄出来，然后将信束之高阁，过后心态自然就调整过来了。"林肯微笑着答道。

愤怒犹如一把双刃剑，有时是美德和勇敢的武器，有时却是吹灭理智之灯的狂风。如果不能控制自己愤怒的情绪，毫无顾忌地发泄和释放，那很可能被自己的情绪所左右，最终伤害的就是自己。

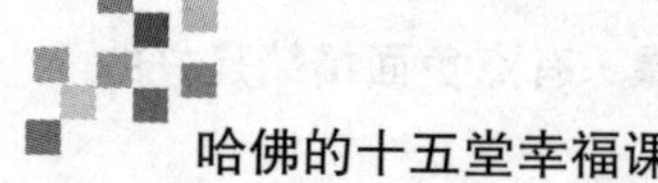

《圣经》云:“不轻易发怒的,胜过勇士;治服己心的,强如取城。”发怒一分钟,我们就失去60秒的快乐。

古时的寒山问拾得:世间有人谤我、欺我、辱我、笑我、轻我、贱我、恶我、骗我,我该怎么办呢?

拾得答:你只要忍他、让他、由他、避他、耐他、敬他、不要理他,再过几年你且看他。

人世间的一切欺辱、嘲笑、失败都如过眼云烟,转瞬即逝。如果我们有一颗宽容的心,遇到这些问题,能平心静气地面对,不让愤怒冲昏自己的头脑,所有困苦就都会过去。到那个时候,一切欺辱、嘲笑、失败,就都会成为人生中最宝贵的财富。

哈佛幸福笔记:

泰戈尔说:“总会发生些情愿与不情愿、知道与不知道、清醒与迷误的那种痛苦与幸福的事儿。但如果心里存在虔诚情感,那么在痛苦中也会得到安宁。否则,便只能在愤怒争吵、妒嫉仇恨、唠唠叨叨中讨活了。”愤怒是人之正常情绪,但若反复出现便会成会一种不良的性情。将愤怒的乌云驱走,天空仍旧如此明朗。

4. 偶尔的孤独感，是为让你学会和自己相处

周国平在《爱与孤独》一书中说："孤独源于爱，无爱的人不会孤独。也许孤独是爱的最意味深长的赠品，受此赠礼的人从此学会了爱自己，也学会了理解别的孤独的灵魂和深藏于它们之中的深邃的爱，从而为自己建立了一个珍贵的精神世界。"

我们许多人都害怕孤独，当意识到自己落单时，总会迫切地去找很多人，或是刻意地去做某些事，试图以此种方式来逃避这种空虚的感觉。但世事就是如此微妙，我们面对害怕的东西，越想逃避，它反而离我们更近，就像孤独，越是妄图绕道而行，它就越如影随形，在我们身边纠缠着不肯离去。

有时候我们在忙碌奔波的日子里会蓦然惊觉：当你能平静地和自己对话，慢慢地储蓄、酝酿一种情感时，孤独感便荡然无存；而当你达不到此种境界时，身心永远都陷在孤独的泥潭里，你想用奔跑来逃避，可是跑得愈快，孤独追得愈紧。

说起来，孤独和寂寞终究还是不一样，寂寞会发慌，孤独则是饱满的，是庄子说的"独与天地精神往来"。其实，对付孤独的最好办法就是学会跟自己相处。

一位大学新生怀着憧憬激动的心情去学校报到。老师将接待工作做好后，对她说："不要把大学想得过于美好，因为你很快就会感到孤独，所以要慢慢学会独处。"

这位同学听了十分奇怪：偌大的校园里到处都是充满活力的年轻生命，处于这群朝气蓬勃的生命中间怎么会感到孤独呢？

可是没过多久，她就发现老师说的那句话开始应验了。

欢闹的迎新活动结束后，好奇与新鲜感也随之慢慢退去，她逐渐认识到许多问题自己根本不知如何处理，又不好跟人倾诉，因为每个人都有自己的小生活，没有人会有闲暇顾及她。

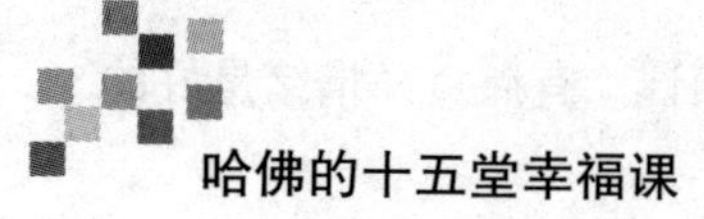

于是她知道了繁华的后面是无语的寂寞,喧嚣的背后是难耐的孤独。

这种状态令她极度痛苦,因此,她心烦意乱,无心做任何事,觉得承受不了这样的生活。

为了适应这种孤独感,她阅读,她写作,她跑步……一个人的日子里,她找到了一个心灵的居所,她开始了一生当中最长时间的独自思索,慢慢地适应了这种状态,甚至发现独处竟然是一种难得的幸福。

有时候,与自己相处的时候,孤独感会陪伴左右。但这种孤独不仅仅只是孤独,而是为了不受孤独的羁绊。懂得与自己相处的人,便是为心灵找到了一个疲惫时可停留安歇的驿站。在夜阑人静时将心灵放在生命的祭坛上,在舒缓的小夜曲中,将心事拿出来晾晾,这种孤独,何尝不是一种美的享受?何尝不是一种浓浓的幸福?

生活中的各种美味佳肴均离不开酸甜苦辣来做调味剂,人生亦是如此,只有尝遍生活百味,才能领会人生的真谛。与自己相处,尊敬自己的灵魂,将这份孤独看作是上帝特地派遣天使送给你的珍贵礼物。

或流连于朦胧月色中,看那星月投影在河水中淡淡的倩影;或静坐在如豆孤灯旁安然参禅,品味人世百态,看这世间沧桑;或是行走于熙攘繁华的闹市中,听渔夫老农的对话谈天;或散步在鸟声啾啾的幽林中,体味“蝉噪林愈静,鸟鸣山更幽”的意境;在云淡风轻中闲然思索,在不寒杨柳风中喃喃碎念……

孤独的时候,与自己相处会是一种超脱于尘世的美好旅程,面对自己的那份心灵,与自己对话,平静中看清真实的自己……

我们总有做不完的尘事,驱不散的欲望,放不下的思念。那么,就让自己孤独一回,与自己的灵魂多一点相处,与自己的思想多一点碰撞,也许有一天你会发现,生活中多了份美好的从容——心境中有了与自己相处的那份淡定,便能浮生出淡泊。

孤独如花,只在鲜为人知的夜里在灵魂枝头悄悄绽放。花儿的美丽在于五彩缤纷,而孤独却只有一种色彩,她不是阳光下姹紫嫣红的炫丽,而是一种平凡的、淡泊的宁静。

在孤独中找到属于自己的色彩,与自己相处,慢慢你会发现你单调颜色的背后蕴藏着绚烂色彩……

哈佛幸福笔记:

喧闹并不是生活的本来面目,喧闹的背后,隐藏着的很可能是孤寂。学会享受独处的时光,则无论这世间有再多的繁华、诱惑,我们都能一笑置之,能够驾驭孤独的人才真正参透了人生。所以,享受你的孤独吧,你会从这种孤独中发现温暖与美好。

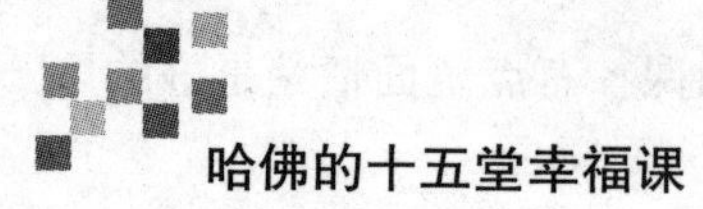

5. 行动可以战胜恐惧

世界著名成功励志大师戴尔·卡耐基说:“如果你想要征服恐惧,不要只是坐在家里空想你的恐惧,走出去让自己忙起来。”

如果你有游泰山观江海的宏愿,却因恐惧路途艰险而迟迟没有付诸行动,那么你的梦想只能永远停留在地图上。或许直到奄奄一息之时,才会幡然醒悟,哀叹自己怎么因恐惧就放弃了心愿,就算到不了山顶,临不到江边,一路上仍可以眺望到崇山峻岭的伟岸影子,嗅到江河海湖的清朗气息,也不至于终老无获。

倘若计划并非渺茫如尘埃,那么,只要你付诸了切实的行动,就不可能看不到希望的曙光。你可知道,萤火虫只有在展翅的时候才能发出光芒。

富兰克林·罗斯福就任美国总统的时候,美国正处于经济大萧条时期,全国上下一片恐慌。

为了振兴国家,罗斯福决定推行“新政”,而要想新政能顺利地实行,首先就要振奋民心。为此,他专门给美国人民做了一次“战胜恐惧”的著名演讲,其中有这样一段名言:

“在我们调整金融体制时,有一个因素要比货币更为重要,比黄金更宝贵,这就是人民的信心。执行我们的计划,其成功的要素就是信心和勇气。大家一定要有信念,不要听信谣言而惊慌失措,我们要团结起来战胜恐惧。我们唯一值得恐惧的就是恐惧本身——模糊的、轻率的、毫无道理的恐惧本身!”

罗斯福以正视问题、蔑视困难的姿态,采取果断的措施,不仅带领美国走出了经济危机,而且让美国加入了反法西斯的战争,迎来了第二次世界大战的胜利。

然而,杂芜而繁重的事务使富兰克林·罗斯福一直处于超负荷的工作状态,损害了他的健康。1945年4月12日,富兰克林·罗斯福伏案工作时,突然患脑溢血与世长辞。在临终那一天,他写下了这样一句话:“唯一阻碍我们实现明天目标的就是对今天的忧虑,让我们怀着坚强而积极的信心战胜所有恐惧,奋勇前进吧!”

身为国家总统、改革先驱，罗斯福直至临终挂念的依然是鼓励自己的子民战胜恐惧。他深切地明白，“恐惧”这个心理感应的代名词，将会给国家与人民带来多么深重的灾难，而唯一能克服它，走向胜利的手段，便是行动。因为，行动会使猛狮般的恐惧减缓为蚂蚁般的平静。

美国著名心理学家威廉·詹姆斯教授曾说：“我们失去了原有的自然的欢乐，那么，通往欢乐最佳的方法，即是快快乐乐地站起来说话，表现得好像欢乐就在那里。如果这样的举动不能让你觉得快乐，那就别无良方了。所以，感觉勇敢起来，表现得好像真的很勇敢，运用一切意志达成那个目标，勇气就很可能会取代恐惧感。”

美国一位有名的新闻记者琼斯，刚出道时极为羞怯怕生。

有一次上司叫他去访问一个大法官，琼斯极为恐惧，连连说：“不行不行，他不认识我，根本不会约见我！”

在场的另一个记者当即拿起电话就拨通了对方秘书办公室：“你好，我是明星报的记者琼斯，奉命采访布兰德斯法官，不知道他今天能否接见我几分钟？”

吓坏的琼斯在旁边愤然大叫：“你怎么能报我的名字！”

这时电话那头已传出声音：“一点十五分，请准时。”

同事得意地耸耸肩：“琼斯先生，你的约会安排好了。”

琼斯一下子愣住了。

约访既已成功，推脱是不可能的，琼斯终究还是硬着头皮，虽是胆战心惊，但依旧如约前去采访。

后来，琼斯鼓励自己一次次地勇敢约访，恐惧的心理一次次减轻……

“那一刻是我二十几年来学到的最重要的一课。”成名后的琼斯在回忆同事替他约访这件事的时候总是这么说。

我们害怕做某事是因为只看到了事物消极的一面，但凡事都有两面，如果能以积极的心态去看事物本身，就会减轻恐惧感，而一旦尝试之后，便会增加信心和勇气。做得多了，就不怕了，信心也更足了。

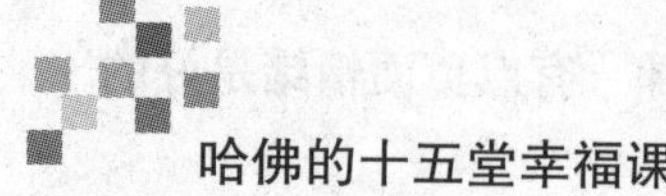

有这么一个故事，战争中，敌机把家园炸成了废墟。人们的心里被厚重的恐惧感笼罩着，许多人都痛哭流涕。唯有一位男子，默不作声地从废墟中拣出一块又一块砖，放到一边——这是重建家园所需要的。大家看着他，慢慢停止了哭泣，也默默地干了起来——如何克服恐惧感？最有效的办法就是：勇敢地迈出实际的步子，行动起来，驱散恐惧的阴霾。

哈佛幸福笔记：

莎士比亚说过："行动才是最有说服力的，你今天以最有说服力的行动开始，明天就能获得更有说服力的结果。"当我们用实际行动战胜内心的恐惧时，我们才能真正心安。让我们现在就付诸行动，战胜内心的恐惧，让不安消失在真切的行动中吧！

幸福小测试:你是否能做到心平气和

1. 你时常怀疑别人对你的言行是否真的感兴趣。

(1)是的

(2)不太确定

(3)不是的

2. 你神经脆弱,稍有一点刺激你就会战栗起来。

(1)时常如此

(2)有时如此

(3)从不如此

3. 早晨起来,你常常感到疲乏不堪。

(1)是的

(2)不太确定

(3)不是的

4. 在最近的一两件事情上,你觉得自己是无辜受累的。

(1)是的

(2)不太确定

(3)不是的

5. 你善于控制自己的面部表情。

(1)不是的

(2)不太确定

(3)是的

6. 在某些心境下,你会因为困惑而陷入空想,将工作搁置下来。

(1)是的

(2)不太确定

(3)不是的

7. 你很少用难堪的语言去刺伤别人的感情。

(1)不是的

(2)不太确定

(3)是的

8. 在就寝时,你常常

(1)不易入睡

(2)不太确定

(3)极易入睡

9. 有人侵扰你时,你

(1)总要说给别人听,以泄己愤

(2)不太确定,可能不露声色,也可能说给别人听,以泄己愤

(3)能不露声色

10. 在和人争辩或险遭事故后,你常常感到震颤,筋疲力尽,而不能继续安心工作。

(1)是的

(2)不太确定

(3)不是的

11. 你常常被一些无谓的小事所困扰。

(1)是的

(2)不太确定

(3)不是的

12. 你宁愿住在嘈杂的闹市区,也不愿住在僻静的郊区。

(1)不是的

(2)不太确定

(3)是的

13. 未经医生许可,你从不乱吃药。

(1)是的

(2)不太确定

(3)不是的

评分标准：

回答完上述问题后，按照选(1)得2分，选(2)得1分，选(3)得0分的计算标准，算出你的得分，然后参照下边的解析。

结果解析：

0—8分：

你总是能够心平气和，能保持内心的平衡，是个知足常乐的人。但有时由于过分疏懒，而缺乏进取的精神。你要注意提高自己的进取心，不能过分安于现状。

9—15分：

你紧张和愤怒度适中。这样的状态，利于你完成自己的学习或工作任务，也让生活显得充实。对于偶发的高度紧张和愤怒，可积极加以控制和调节。

16—26分：

你时常被紧张和愤怒的情绪所困扰，常常缺乏耐心，心神不定或者过度兴奋；而且会时常感觉疲乏，又无法摆脱以求宁静。在集体中，对人和事缺乏信念。每日生活战战兢兢，而且无法控制自己一触即发的怒气。你可以认真分析一下导致这种状态的原因，如果是外来的，要设法克服；如果是内在的，就应学会“忙里偷闲”，培养多方面的兴趣，多从事一些培养耐性的活动，使自己的情绪得以改善。

第五课

忙碌的生活是幸福的威胁

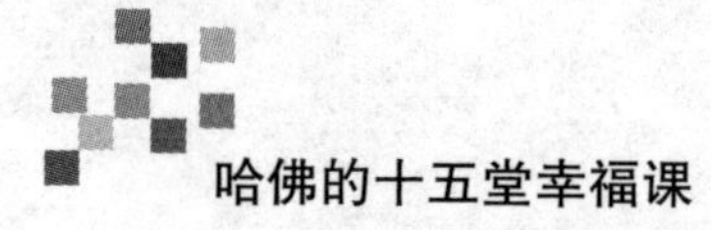

1. 慢慢走，欣赏啊

在阿尔卑斯山谷中，有一条宽阔的汽车路，路两旁蝶飞燕舞、花红柳绿，风景极美。而就在路边恰到好处地插着一个标语牌，上面写："慢慢走，欣赏啊！"

如今我们在这车如流水马如龙的世界里讨生活，恰如在阿尔卑斯山谷中开着汽车兜风。为了尽快赶到下一站，脚下一踩油门，匆匆忙忙地急驰而过，无暇回首去看一眼触手可及的风景，于是这美好华丽的世界便成为了一个了无生趣的牢笼。

过去我们寒暄，从穿衣打扮聊到家长里短，再过渡到天下大事，总之这份时间与心情还是有的。如今，"忙！""很忙。""忙疯了。"……诸如此类的字眼，早已经变成了"你最近还好吗？"的默认回答，而对于它们的常备答复往往只能是："忙一点好，"或者"总比不忙强。"

过去人们请客，送客时都要礼貌地说声"慢走啊"，便目送来客骑着脚踏车或是沿途步行溜达着回去。现在经济发达了，尤其是城市里，来客往往开着小车走亲访友，临别时，主人依然礼貌地道别："慢走啊！"实际上，转身之间，来客早已挂挡，一溜烟就不见了踪影。

如此忙碌的生活，你用这般快速的步子拼命往前赶，唯恐自己落单。日程表被排得满满的，开会、工作、采访、约会……你被生活这双无形的手折磨得疲惫不堪，或许你说这是充实，它不会让你感到空虚，可是真是这样吗？

有这么一个故事：

神父在路上行走，一个人行色匆匆，从神父身边疾奔而过。

神父很奇怪，便把他叫住，问："年轻人，你跑那么快做什么？"

"我很忙！我要追赶上生活！"年轻人气喘吁吁，却是头也不回。

"你怎么就知道生活在前面呢？"神父叹了口气，继续说道，"你只知拼命往前跑，一心一意想赶上生活，可你怎么不停一下看看四周？先放慢步子，问问自己，生活究竟在哪儿？也许生活正在你身后追赶你呢！你越跑越快，哪是要去与生活会合？你分明是要逃离自己的生活啊！”

人生就是一次单程旅行。快的人坐的是飞机火箭，风风火火，一骑绝尘只向前冲去，漫长的行程浓缩为瞬间投影，而应有的舒缓节奏幻化为一时的快感；慢的人坐的则是马车，甚至是徒步，路两侧的山川河流，花鸟鱼虫尽可细细观赏，间或停下脚步，聆听微风吹过树叶的沙沙声，望一望远处的山峦，这都是人生的享受。

生活的味道有多种，细嚼慢咽总比狼吞虎咽要来得细致，来得赏心悦目。

人生正自无闲暇，忙里偷闲得几回？生活虽是忙碌，但忙里偷闲才是张弛之道。暂且停停你马不停蹄的步伐，看看这纷繁缤纷的世界——春有百花秋有月，夏有凉风冬有雪，草长莺飞也好，落叶萧萧也罢，这些全是生活的赐福啊！我们要懂得给自己设定一个适当的慢节拍，懂得在休闲中寻找生活中的情趣。

艾丽莎是个可以为了生活去拼命的人。她每天都像是被拧紧了发条一般，一忙起来就没有尽头，每天的行程被塞得满满当当，恨不能炼成分身术来替她分担一些忙碌。偶尔地安排出空闲时间来放松，她的脑子里还是充满了各种各样的念头：会议要涉及什么内容，今晚还有约会，下一个预约好像是在后天……如此看似有序实则混乱的生活，有时让艾丽莎真受不了。

后来，艾丽莎终于承受不了这样的压力，紧张忙碌的生活让她几乎崩溃，在朋友的建议下，她开始注意适当地调整休息，腾出更多的时间来让自己放松。

现在的艾丽莎，生活变得快乐又轻松，她依然能完成工作，而不必耗费全部的时间与精力。她说这就像回到了大学时光——有一大群朋友，经常在一起喝喝咖啡，聊聊过去的悠闲时光——而这在以前是绝对体会不到的。

走在前进的路上，切忌太过匆匆，而忽视了路边的风景。人生不是赛跑，而是旅行，每一步都有值得驻足欣赏的风景。当你慢下来，慢慢地走，环顾左右，你会发现许多不曾发现的美好。

于午后慵懒的阳光中，捧一本好书，细细品味蕴藏在珠玑之语中的美妙心

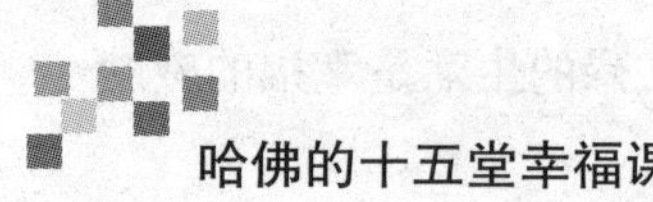

得;或是在霞染天涯万里红的黄昏,漫步在田园桥边,看这人间百态,美轮美奂;或是于华灯初上的傍晚,手拿一本诗集,远望沉沉暮霭,遥想当年故人的惆怅悲欢。

那些曾经历的过往,双脚踏上的路,擦肩而过的人们,依然挣扎在前进的途中,让我告诉你,一生很长,你不要着急,请慢慢地走。

哈佛幸福笔记:

泰勒教授指出:"'忙碌奔波型'的错误在于,只有成功本身可以为他们带来快乐,他们感觉不到过程的重要性。"幸福不是拼命爬到山顶,而是向山顶攀登过程中的种种经历和感受。人生路长,慢走何妨?风光无限好,让我们一路赏来一路歌。

2. 休息是为了更好地赶路

曾经有位大师说："生活在都市里的人们啊，你们至少应该一周抬头看一次天，然后做一个深呼吸。"的确，我们只顾着匆匆往前赶路，只顾着埋头工作，将自己委身于忙碌中，在时间的流逝中全然不知已经错过了多少美景。

我们为工作熬红了眼睛，为家庭忙坏了身体，为生活愁白了青丝……我们常常徘徊在忧虑与浮躁之间，这种因忙碌而带来的疲累犹如蚂蚁爬满了身体，啃噬着我们柔软的内心。

我们都太过分地专注于向前奔跑，而忽略了路途上所有的美好，可是我们并不是一台只会机械运转的机器，累了，就歇歇吧，只有休息好了，才能更好地往前走，那样我们才能真正体会到生活的幸福。

有一只小蜜蜂出生没有多久就开始辛勤地学习采蜜及寻找花粉花蜜的方法，学成之后便四处采蜜去了。

每到一处它都会被鲜艳的花朵吸引，然后忘乎所以地忙碌起来，直到把这里的花粉花蜜全部采完才肯离去，然后到下一个地方。

日复一日，小蜜蜂始终是这样忙碌着不肯停下来，每当很累的的时候就鼓励自己说：还有那么多蜜没采呢！于是，就又忙活起来。

渐渐地，小蜜蜂发现采完这边了，回来后又有好多新鲜的蜜长出来了，不知为何这里的蜜老是采不完。其实小蜜蜂不知道，这个地方是春城，鲜花永远都没有凋零的一天。

不管小蜜蜂如何加倍地努力，蜜依然是越采越多。终于有一天，这只小蜜蜂累倒了，驮着蜜从空中掉了下来，奄奄一息还焦急地说："我快不行了，可我的蜜还没有采完呢！"

忙，像一副沉重的枷锁套在了我们身上，累了，就歇歇吧，这并不是让我们停滞不前，适当的休息是让我们养精蓄锐，意气风发地重新踏上生活的路途。

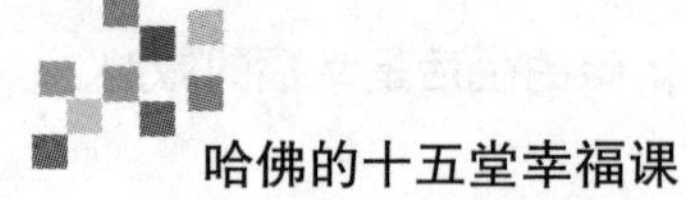

有时候，我们真应该在自己鞋里放一粒沙，在匆忙的旅途中提醒着我们——不要只记得一味地赶路，眼睛只盯着遥不可及的远方，磨刀不误砍柴工，必要的休息是为了下一次更好的启程，我们要永远记着，疲惫不堪的身体永远都追不上那轻盈自在的脚步。

一位拥有千万资产的老板在商场打拼了近二十载，现在正直壮年，该是将事业更上一层楼的时候，可是他逐渐地感到了厌倦，也没有了当初拼搏事业的热情。

思前想后，他认定这是忙碌了太久心累所致，于是决定先将公司交由下属的经理负责，自己去郊外散散心。

这位老板简单地收拾了一下行装，就出发了。

郊外远离市区，没有热闹与喧嚣，当地的居民都是些本分的老实人。老板每天除了品味当地的风味小吃外，有时也会去田间地头转转，跟老农谈谈天气，讨论一下今年的收成。偶尔也带上一个马扎，去池塘边钓钓鱼，池塘边钓鱼的人群中孩子众多，欢乐的笑声每天都不断。当鱼上钩时，他也跟着孩子们大笑大叫——这些都让他有一种前所未有的愉悦感。

一个月后，他重新回到公司。他突然发现生活又变得鲜活起来，一切都充满了新奇与热情。他决定，一定要将事业更进一步。

不只是老板，正在职场上打拼的所有人都一样，为了更好的生活，没日没夜地学习、工作。其实所有辛勤的人们都应该好好地思考一个问题：人生是一条永往直前的单行道，从生命的降临起步，最后殊途同归走向死亡。打拼的路途中，为何不停下匆忙的脚步，好好歇一歇，好好看看这个世界？

倘若你爬山，累了就停下来，先享受一下千层绿浪的清幽，郁郁葱葱的野花野草，感受一下另类的幸福，再继续攀登，才能体会到“会当凌绝顶，一览众山小”的豪情壮志。如果你累了还继续攀登，那到达山顶就困难了，说不定你还会因疲乏而放弃。

不会休息的人就不会工作。要想拥有快乐的心境,就要学会适当地休息,放慢脚步,给生活一个喘息的机会。我们停下来的小憩,是为了将来更好地赶路。

哈佛幸福笔记:

闻名世界的"甲壳虫"乐队主唱约翰·列侬说过:"当我们正在为生活疲于奔命时,生活已离我们而去。"其实他所说的现象便是医学上定论的"延缓幸福综合征"。忙碌的我们有时需要停下早已疲乏的步伐,停下来,给自己连同生活一个喘息的空间,才能更好地打点上路。

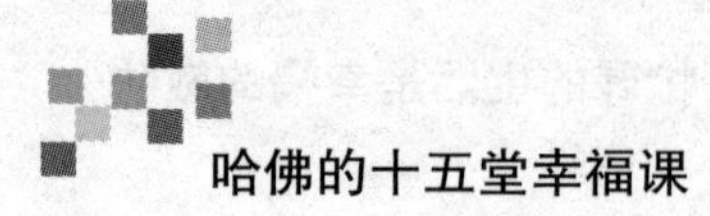

3. 慢些走，等等你的灵魂

水倒得太满会溢出来，弓拉得太开会不堪张力而折断，让自己一刻不停地奔波在生活的高速路上，有一天，你会悲哀地发现，你的理性走得太快，以至于灵魂已然跟不上你的脚步。我们花了太多的时间来锻炼自己的理性，唯恐为生活遗弃，却忘了在夜深人静的时候，看一看自己的灵魂是否已经干涸。

太匆匆，心灵就会在奔跑中日渐麻木。不要被社会的功利所裹挟而随波逐流，停下忙碌，截取一段时光，让生活慢下节拍，让灵魂跟上来。正如"慢生活家"卡尔·霍诺所说："慢生活"不是支持懒惰，放慢速度不是拖延时间，而是让人们在生活中找到平衡。

一位欧洲探险者到南美探险。

为了穿越一片雨林，他雇用了两个印第安人做向导，在当地称之为"挑夫"。

印第安人带着探险家轻车熟路，一路上非常顺利。

然而到了第四天，眼看着就到森林边缘的时候，挑夫说什么也不走了。

探险家以为他们要以此要求抬高价钱，可是两个挑夫只是很虔诚地停留在一边，对探险家的揣测置之不理。

探险家非常不解地问："怎么不走了？"

"等。"

"等谁？"

"灵魂。走得太快，灵魂落在后面了，我们要用一天的时间让它赶上！"

印第安人3日后的休息，是等待他们灵魂的回归。正如电影《云上的日子》里面说："你走得太快，灵魂跟不上了，你就要停下来，等一等自己的灵魂。"念及此，我们不禁扪心自问：在这个节奏飞快的社会里，为了追逐金钱、名利、地位而勾心斗角，人人都承受着各种压力，飞奔着向前赶路，我们的灵魂还能否跟得上我们的脚步？

当我们在为生计东奔西走、马不停蹄地日夜奔波的时候，当我们为了多拿一点薪金而在夜深人静的灯下忙活到深夜的时候，当我们为了个人荣誉而急功近利的时候……我们是否意识到：在前进中，我们失去了什么？我们有没有用哪怕一小段时间来等待我们丢失的东西的回归？我们的灵魂跟上我们的脚步了吗？

一个高级白领因为一直处于巨大的生活与工作压力之中，在度过了无数个寝食难安的日子之后，他决定去看心理医生。

医生了解了情况，给了他三个处方并叮嘱说："到你最喜欢的海边去，分别在早上9点、中午12点和下午3点打开这三个处方。"

第二天的9点钟，这位高级白领来到了海边打开了第一个处方，上面写着"请关闭你的通讯工具，静心地倾听。"

他闭上双眼，心平静下来。慢慢地，他听到了世上最美妙的声音——海浪哗哗涌来，海鸟欢快地鸣叫，还有海水在沙滩上浸润的沙沙声……这些美好的声音让他深深地陶醉了。

12点，他迫不及待地打开第二个处方，上面写道："请回想自己幸福的往事。"

于是他想起自己的童年时光，与儿时的玩伴在海滨嬉戏的情景，想起了与心爱的恋人在海边奔跑……这些久违的记忆鲜活地出现在自己的脑海里，为什么在平时却想不起这些愉快的往事呢？

下午3点的时候，他又打开了第三个处方——"反省你的动机，你终日的忙碌是为了什么，你究竟在为什么而活着。"

他首先想到前几天，同在一个项目组工作，上司开会时表扬了同事小赵，而没有提到自己，导致自己几天打不起精神。还有上个月的同学聚会，本来自己开着新车参加聚会，可是后来发现自己的车却是同学们当中档次最低的，于是又连着郁闷了好几天……

这位白领似乎感悟了什么：自己是不是走得太快，灵魂都落在身后追不上来了，所以没有灵魂充盈的躯壳才会如此疲惫？……

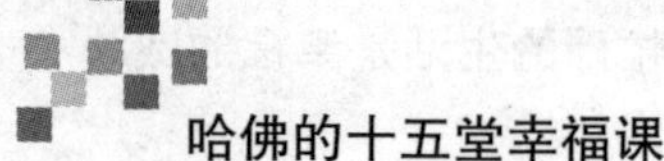

每个人来到世上都希望自己能有所作为，于是便开始了与生活的搏斗——先是为生存所苦，再是为生活所忙，紧跟的是为权力所争、为声名所累，最后是为老所惧……我们无一例外地统统掉进了与上述那个白领一样的“精英陷阱”，活得毫无轻松可言。

古埃及有一个美丽的传说，说是每个人死后，灵魂都要被快乐女神拿去称量。如果一个人的心分量很轻，女神就会引导那羽毛般轻盈的灵魂飞往天堂。如果那颗心很重，快乐女神就判他下地狱，永不见天日。

有时我们真的需要淡定地看待生活中的一切，放慢自己的脚步，学会把自己从沉重的欲望枷锁中解救出来，让灵魂跟得上你的步伐！

哈佛幸福笔记：

泰勒教授说：“幸福不是拼命爬到山顶，也不是在山下瞎转；幸福是向山顶攀登过程中的种种经历和感受。”忙碌的幸福并不是真正的幸福，停一停，等等自己的灵魂，不能在攀登的时候将灵魂丢在身后找不回来了，灵魂是我们生命的核，灵魂赶不上脚步，脚印将越来越浅，没有脚印的行走，是最可怕的事情。

4. 越简单越幸福

平淡从容的生活,是许多人都渴望的一种幸福。而在今天这个貌似繁华昌盛的年代,回归到淡然简朴简直是一个神话——当然这并不是说过简朴生活有多困难,而是人们承受的担子太多太重,因为太忙而没有时间放下,或者说,舍不得放下来。

其实,日子过得越简单才能越幸福。因为幸福来自一颗踏实安静的心:没有日日奔波劳累的疲惫,没有在公司里瞻前顾后的算计,没有患得患失的犹疑,也没有摧眉折腰的谄媚……简单的人,安稳笃定,从容淡然,宽广如海,和如春风。

潘瑞特一家——丹妮尔和凯瑞格以及他们的三个孩子的生活十分美好。他们将豪华宽敞的固定住宅卖掉,而购买了现在的二手房车。

"我们过去生活在460多平方米的大房子里,现在的房车面积为32平方米。这不只是九个月的旅行,加上前前后后的时间,我们在这辆房车上生活的时间已经超过了一年。"凯瑞格说道。

丹妮尔说,对于她来讲,这次旅行是她与丈夫、孩子们好好相处、交流的大好机会。以前,大人忙着生意,孩子们忙着学业,家人很少有时间能够聚在一起——"之前我们都忙着为豪华的生活忙碌着,可那样的生活里没有全家人聚在一起开心的场面。"

潘瑞特一家将他们所有的建筑生意以及所有财产都卖了出去,一家人开始了房车旅行生活。

"我们真想成为优秀的父母,和孩子们一起享受生活。"丹妮尔说道,"生活不只是一直忙着挣钱、住在豪华的房子里、开着最新款的汽车,幸福的生活是有关家人的。停下奔忙的脚步,跟家人一起,简简单单地过,一切都给人幸福的感觉。"

梭罗说过:"大多数所谓豪华和舒适的生活不仅不是必不可少的,反而是人

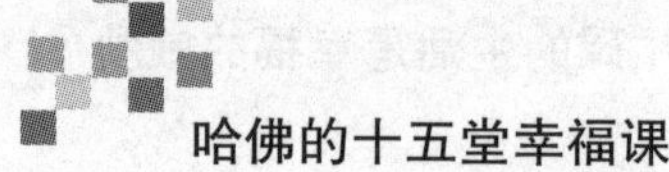

类进步的障碍,对此,有识之士更愿选择比穷人还要简单和粗陋的生活,简单和单纯的生活有利于消除物质与生命本质之间的隔阂。”

梭罗在瓦尔登湖畔生活了两年多,他用亲身经历告诉世人:一个人凭着自己的双手就能满足自己的生活——一个人完全可以简单地活着。苏格拉底说:“我们需要越少,就越近似神。”或许,简单真就是我们要追求的“精神国度”。

现在的人都在忙,为了房子车子孩子票子,还有最重要的面子。我们的笑脸在紧张生活的逼迫下渐渐变少,愁绪却如同田野里的荒草,疯狂地蔓延。其实人都在为了忙活而逼迫自己,广厦千间夜眠三尺,弱水三千只饮一瓢,道理都懂,只是心中的坎总也过不去。

苏格拉底对学生说:“当我们为奢侈的生活而疲于奔命的时候,幸福的生活也就离我们越来越远了。幸福的生活往往很简单,比如一个舒心的房间——必需的物品一个也不少,没用的物品一个也不多。做人要知足,做事要知不足,做学问要不知足。所以,凡事不要太强求,越简单越好。”

瑞士人是幸福的,他们拥有无敌的湖光山色,湖边有柔软的青草地。其实最重要的是他们拥有一样我们无法企及的东西,那就是他们特有的幸福观念——简单从容。

这种简单的幸福,是一种近乎返璞归真的幸福,是一种脱离了唯物质论之后的幸福。

这里的人都喜欢沿街坐着晒太阳,他们发呆、聊天、喝咖啡、喝酒,伴随着有轨电车叮咚的响声,心满意足地哼着小曲,慢跑的人不经意间穿过你的步伐,滑板少年从你身边呼啸而过,被人牵着的小狗欢快蹦跳。

在这里,没有生活的压力,没有焦虑的神态,只有简单的生活和善意的微笑,如同孩子般纯净,人们来去自如,并诗意地栖居着。

多一分满足,少一分欲望;多一分真实,少一分虚设;多一分快乐,少一分悲苦;多一分停留,少一分忙碌。这就是简单单纯的生活所追求的目标。

外界生活的简朴将带给我们内心世界的丰富,从而使我们明白:再多的负担与欲望在最平实的简单面前，都显得那么卑微。

幸福没有遮拦，就像山坡上静静地吐着芬芳的野花；没有围墙，也不需要门票，只要有一颗清净的心和一双清澈的眼睛，就能得到。

哈佛幸福笔记：

幸福指数最高的国度不丹国师噶玛乌拉所说，“真正的幸福，恐怕不是数字可以计量的。所有明确的幸福答案，都来自最不明确的族群，给予最虚无缥缈的理由。简单的信仰与对传统文化的坚持，是我们唯一的优势。”放下负担和欲望，简简单单，平淡从容，才是真的幸福。

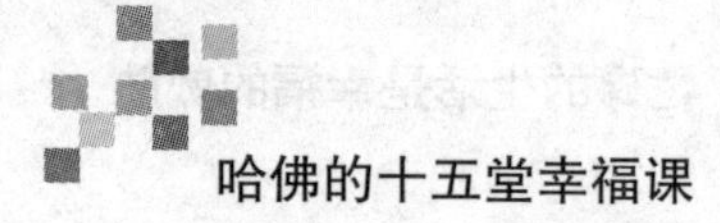

5. 欲壑难填,放弃是一种智慧

电影《卧虎藏龙》中有一句很经典的话,“当你握紧双手,里面什么也没有;当你打开双手,世界就在你手中。”不懂得放弃的人,到头来会是一无所获。

世间万象包罗着如此众多的诱惑,金钱、名利、权势、地位……让人万般索取,即使拥有的再多也难餍足。当你因为负载过重而步履维艰的时候,当你因为欲壑难填而疲于奔命的时候,当你机关算尽也无法再拥有的时候,放弃何尝不也是一种智慧?

放弃不是迎难而退的怯弱无为,而是一种能雾里看花去糟取精的眼光。虽说放弃不该放弃的是无能,但不放弃该放弃的却也是最大的愚蠢。如果要使人生的行囊充实而轻盈,那么懂得适时放弃绝对是必需的。

有这样一个故事:

三个商人一同漂洋越海,去开采黄金。十年后,他们带着金子满载而归,却不幸遇上了海浪风暴。

一个商人死死抓住手里的麻袋,不肯松手,结果被大浪吞没;

一个商人想保住部分金子,在他往口袋里塞金子的时候,大浪打来,他与船同归于尽;

最后一个商人则放弃了船上的全部金子,乘救生艇逃离了危险。

后来,风平浪静,他又带领船队,打捞出三条装满金子的货船,拥有了三个人的财富。

不要为了眼前的一点小利益放弃身家性命,命没了,就什么都没了。做人要拿得起放得下,放弃并不等于丧失,而是为了更好地拥有。

歌德说:“生命的全部奥秘就在于为了生存而放弃生存。”而龙应台有句话同样说得精彩:“上了车还要有下车的勇气。”放弃,是一种灵性的觉醒、慧根的显现,一如放鸟返林、放鱼入水。

人只能活一次,不要活得太累了,放弃不必要的追求,让那些多余的担子不再勒痛你的肩膀,顺其自然,小舍小得,大舍大得,不舍不得。

“明者远见于未萌,智者避危于未形。”要想得到心灵的解脱与放松,必须抵御住贪欲的挑拨唆使;要想得到永久的掌声,必须放弃眼前的虚荣。放弃了玫瑰,还有百合;放弃了溪流,还有海洋;放弃了驰骋原野的不羁,还有策马徐行的自得。放弃是一种智慧,只有学会放弃,才能使自己更宽容、更睿智。请无论如何都要记得:放弃不是优柔寡断,更不是偃旗息鼓,而是一种拾阶而上的从容、闲庭信步的淡然。

一个富翁临终前把两个儿子叫到床前,拿出一把钥匙,说:“我一生所赚得的财富,都锁在这把钥匙能打开的箱子里。可是我只能把它给你们二人中的一人。”

面对兄弟俩的惊讶,富翁继续说:“现在,由你们自己选择。选择这把钥匙的人,必须承担起家庭的责任,按照我的意愿和方式来生活。拒绝这把钥匙的人,生命完全属于你自己,你可以按照自己的意愿和方式,去过自己的日子。”

哥哥想:接过这把钥匙,虽然被束缚了,但可以保证一生没有苦难和风险。外面的世界或许精彩,但是那样的人生充满不测,前途未卜,万一……

弟弟思量:如果拥有了这些财富,从此就失去了自由,没有自己的思想与主张,那有什么意思呢?

于是弟弟说:“哥哥你接这把钥匙吧,如果你愿意的话。”

正中下怀,哥哥欣然答应。

哥哥的生活从此舒适安逸,先前的雄伟大志在日日的花天酒地中逐渐被磨灭,因与父亲的管理意见不合,索性一意孤行,最终公司因负债而宣布破产。

弟弟没有如此奢华的生活,他搬到了乡下,与自然融为一体,完全按照自己的意愿来做喜欢的事,最后成了一名画家。

梭罗说:为了获得圆满无悔的一生,我们必须认清哪些是我们必须拥有的,哪些是可有可无的,哪些是必须丢弃的。人生苦短,要在这有限的时间里达到高远的目标,就必须放下负担轻装前行。放下是一种心态,亦是一种人生哲学,不要迷恋于那些虚荣与浮华,世间的一切权势纷争、金粉豪华都不过是过眼烟云。

风流总被雨打风吹去,何必让身外之物困扰终生?放弃屈辱留下的仇怨,放弃对金钱的渴求,放弃对权势的觊觎,放弃对虚荣的纠缠,无论何时,退一步,永远都是海阔天空。

有一支淘金队伍在沙漠中行走,大家都步伐沉重,痛苦不堪,只有一人快乐地吹着口哨,有人问:"你为何如此惬意?"他笑:"因为我带的东西最少。"

原来快乐很简单,拥有少一点就可以了。

哈佛幸福笔记:

在彻底没有指望的时候,在永远没有结果的时候,一定要懂得放弃。只有当机立断地放弃那些次要的、枝节的、多余的东西,你的世界才能风和日丽、晴空万里,你才会豁然开朗地领悟"幸福"的真谛。

幸福小测试:你是穷忙一族吗

用“是”或“否”回答下列描述,看它们是否符合你过去一年里的状况。

1. 我获得意外加薪。
2. 我的职务有了晋升。
3. 我买了一部个人电脑。
4. 我买了一部新车。
5. 我的感情生活相当稳定,或我的婚姻渐入佳境。
6. 我控制了自己的饮食习惯。
7. 我有了新的嗜好。
8. 我搬到了更好的社区。
9. 我重新整修布置了房子(包括租来的)。
10. 我招揽了一些新客户。
11. 我逐渐接近理想体重。
12. 我的意见和想法越来越受到上司的重视。
13. 我换了更好的工作。
14. 我比前一年看了更多书(小说除外)。
15. 我被指定负责某些事情。
16. 我的网球球技(或其他运动)有显著进步。
17. 我对自己的身体健康情况更加满意。
18. 我在各种社交场合里越来越能处之泰然。
19. 我成功完成生平最大的计划。
20. 我比一向视为榜样的人赢得更多名利。
21. 我开始穿着更贵的服饰。
22. 我的老板更依赖我的专才。
23. 我到国外旅游或考察。
24. 我达到了一项个人的体能目标(像在固定时间内跑完3公里)。

25. 我对我的生活比以前感到更满意。
26. 我的投资获利可观。
27. 我买了从未想过要拥有的东西。
28. 我的同事开始尊重我的判断。
29. 我比过去更会存钱。
30. 我戒除了一个坏习惯。
31. 经过我的努力，我的专业能力更受肯定。
32. 我提出意见时更有自信。
33. 我结交了一些益友。
34. 我比以前更能控制遭遇困境时的情绪反应。
35. 我比以前更会运用时间。
36. 我摆脱了一个会拖累我的朋友。
37. 我对我的工作能力更有信心。
38. 我更能保留自己的想法并广纳众议。
39. 我比以前更能控制情绪。
40. 我在同行之间小有名气。

评分标准：

以上各题回答“是”得1分，回答“否”不得分。按照这个标准计算出你的得分，然后参照以下评析。

测评解析：

0—5分：

得分太低，有必要提升自己的成就水准，如果你得分落在此组，可能是因为缺乏方向感，你可能已经尽力了，但就是太分散而无所成。

6—10分：

在成功的人当中，得到这个分数的人通常年纪较大，由于已经有高水准的商业经验或者比较重视分析，不会急于获取成就。不过如果你得分落在此组，你的成就水准比得分很高者还令人感到乐观，只要集中精力，设定更明确的目标,成功还是指日可待的。

11—17 分:

就获得成功的可能性而言,得到这个分数的人比其他人的机会大。他们能结合充沛的精力和明确的目标,且以过去一年的成就作为未来成就的有效踏板,会利用扎实的知识根基,再扩展视野,朝既定目标迈进。如果你得分落在此组,那么就加油吧,成功就在眼前。

18—22 分:

你正铆足了劲在增加自己成功的机会,但力量仍然不够集中。如果得分落在此组,最好心中谨记,成就的品质比成就的数量还重要,如果能好好确定方向,成功就会到来。

23—40 分:

分数在此列的人,通常年纪较轻,急于成功,并很在意别人对自己的看法。由于比较没有安全感,所以容易胡乱忙,各种目标都想达到。有的人比较幸运,会误打误撞闯出一片天地来,但多数人总是忙得忽略了不错的成功机会。或许你的成就动机强烈,但却欠缺必要的知识和方向。

第六课

改变对工作的偏见

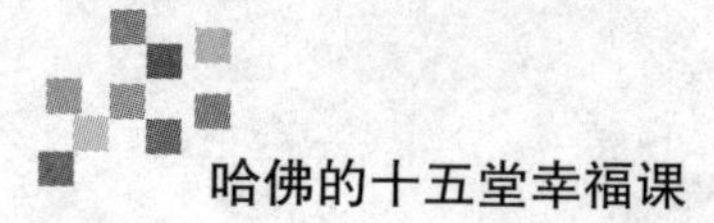

1. 把工作当成恩赐而不是苦差

哈佛幸福大师泰勒教授把工作描述为这样三种境界:赚钱谋生,成就事业,完成使命。他认为,工作本身,就是一种生活的恩赐。

我们总是对那些曾向自己伸出援助之手的人心怀感激,对曾经雪中送炭救我们脱离苦海的人感恩戴德,甚至对于某一天在大街上给你指路的路人也充满谢意。

同样的,工作也是值得我们去感激的,它是我们能够挣钱养家,让我们的生活有保障的根基,是生活赐予我们的最好的礼物。

有个乞丐穷困潦倒,终日无所事事,躺在田野里晒太阳。

有一天,他又在晒太阳的时候,正巧遇到了上帝从田间走过,他连忙请求慈悲全能的上帝满足他三个愿望,上帝答应了。

乞丐高兴地说出了第一个愿望:请把我变成有钱人吧!

于是,上帝手一指,乞丐摇身一变,成了富家阔少。

第二个愿望:我希望自己能年轻四十岁,不然那么多的钱没办法享受了。

上帝一挥手,乞丐就变成了二十来岁的小伙子,乞丐兴奋极了。

第三个愿望——我想一辈子都不用工作。

上帝点头答应,结果一瞬间,乞丐又变了回去,成了路边的一个脏老头。

他不解地问:我为什么又变得一无所有了?

上帝说:工作是我能给予你的最大祝福了,现在你把我给你的最大的恩赐扔掉了,当然就一无所有了!

曾经有位父亲告诫刚踏入社会的儿子:“若遇到一位好老板,便要忠心地为他工作;假如第一份工作就有很好的薪水,那算你的运气好,要努力工作以感恩惜福;万一薪水不理想,老板也不太好,就要懂得在工作中磨炼自己的技艺。”

这是多么睿智的一位父亲，他告诉我们：既然已经踏进了社会，就要把自己拥有的工作当成生活给予你的一份最好的礼物。在工作中不管做任何事，都应将心态归零，学会感激工作中的一切——感谢你的工作环境，感谢你的老板，感谢每一次的工作机会，感谢每一个工作任务，它将不断地磨砺你，使你走向成功。

懒惰是每个人都会有的心理，正如上面的乞丐那样，之所以要求不要工作，是因为内心早已将它划到了苦差这一行列。但反过来想一想，如果你什么都不做，整天无所事事，那是多么可怕的一件事啊！只有投入工作，才有生命的活力。

她是微软公司临时雇用的清洁工，在整个办公楼的几百名员工里，她没有学历、工作量最大、薪水最少，可她却是整座办公楼里最快乐的人。

每一天，哪怕是每一分钟，她都在快乐地工作着，对任何一个人都面带微笑，对任何人的要求，哪怕不是在自己工作范围之内的，也都愉快并努力地跑去帮忙。

她的热情就像一团火焰，整个办公楼在她的影响下都快乐了起来，没有人在意她的工作性质和地位。

盖茨听到此事很惊异，就忍不住问她："能否告诉我，是什么让您如此开心地面对每一天吗？"

"因为我热爱这份工作！"女清洁工自豪地说，"我没有什么知识，我很感激企业能给我这份工作，可以让我有足够的收入来支持我女儿读大学，而我唯一可以回报的，就是尽一切可能把工作做好。一想到这些，我就非常开心。"

盖茨被她这种工作态度深深地打动了，他要求这位女清洁工每天利用空余时间学习计算机知识，后来，她成了微软公司的正式一员。

当你热爱你的工作的时候，你的工作就不单纯是一种劳动，而是一种娱乐，但若是把工作当成一种负担，那么你永远都在背着一座大山。当工作不能让我们感到快乐，而只被当作是一种单调的循环往复的苦差事时，只能令人感到乏

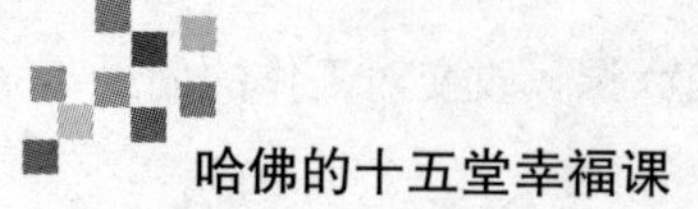

味和痛苦,这样的日子使我们感觉暗无天日,苦不堪言。

当我们开始把工作视为生活的一种恩赐,并开始珍惜它的时候,我们的快乐也就来了。工作中的美只有以轻松的心态才能够体会到的。

哈佛幸福笔记:

哈佛幸福大师泰勒教授说工作有三种境界:赚钱谋生,成就事业,完成使命。工作是上帝给予我们的最好的恩赐,它让我们生存,让我们生活,让我们从中得到快乐。所以,以乐观的心态去享受工作的每一天吧!

2. 把工作当成事业做

比尔·盖茨曾说："如果只把工作当作一件差事，或者只将目光停留在工作本身，那么即使是从事你最喜欢的工作，你依然无法持久地保持对工作的激情。但如果把工作当作一项事业来看待，情况就会完全不同。"

在我们身边，我们常常听到各种各样的抱怨——工作太简单，没什么技术含量；太平凡，没有前途；太枯燥，没乐趣，还累得要死……我们终日愤愤不平，得过且过，有着无尽的烦恼。

一位著名的企业家说过这样一段话："我的员工中最可悲也是最可怜的，就是那些只想获得薪水，而其他一无所知的人。"

我们将工作比作一个合作伙伴，只有利益上的纠葛，却没有情感上的关联。终日只想着怎样才能赚更多的钱，而对工作本身，抱有一种忽视甚至敌对的态度。殊不知"一屋不扫，何以扫天下"，一个人连自己正在着手的工作都不热衷，又如何能做出惊天动地的大事呢？

在谷歌刚成立时，拥挤的居民房里只有十几个员工。谢尔盖一直在考虑如何才能增加谷歌对互联网人才的吸引力——提高薪水肯定不现实，因为谷歌目前并没有多少资金。

谢尔盖特地走访了几十家网络公司，经过调查思考后，他抛开烦琐的管理模式，另辟蹊径，决定从午餐开始改变。于是他打出了一则广告：诚征厨师长———谷歌的人饿了。

广告打出不久就有厨师来应聘，经过挑选，谢尔盖决定选艾尔斯为谷歌的厨师长。

由于谢尔盖的授权，艾尔斯有权来决定午餐做什么。于是，谷歌的午餐有了很大的改变，艾尔斯骄傲地对同事说道："我们有美国风味菜、经典意大利菜、法国菜、非洲菜以及我独门研制的亚洲菜和印度菜。"

从此以后，谷歌的午餐有了翻天覆地的变化，在2000年谷歌列出的十大值

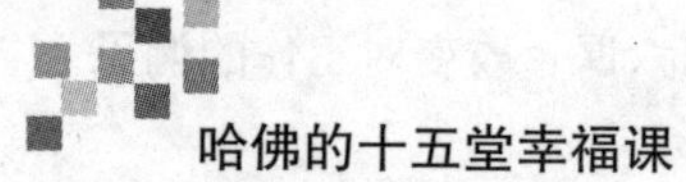

得留恋的原因中,艾尔斯的午餐排在第一位。

随着谷歌一天天地扩大,艾尔斯决定扩大规模给谷歌的工程师做一日三餐和零食。而艾尔斯也在谷歌上专门做了一个网站来上传各种各样的食谱——这给谷歌带来了很大的人气,由此,谢尔盖也给了艾尔斯相应的股份。

后来,谷歌做得越来越好,人气与规模不断扩增。

谢尔盖和艾尔斯谈话,最后问他:为什么能在厨师这样一个岗位上做得如此出色?

艾尔斯说道:把每一份工作都当成事业来做。

把每一份工作当成事业来做——这句话贴在谷歌最显眼的地方,鼓励着每一个谷歌人。

也许这就是谷歌能有今天辉煌的根本原因。

有许多人拥有一份令人羡慕的工作,却是身在福中不知福,不仅不珍惜,有的甚至还把工作当成了包袱和负担,用一种应付的态度来面对,当一天和尚撞一天钟,敷衍塞责。处在这样的生活当中,你每天感到的只会是无聊与厌烦,怎能有快乐可言?

成绩是干出来的,不是天上掉下来的。只有我们舍得下力气,流汗水,一步一个脚印,把每一件具体的工作,甚至是琐碎的"小事"都做扎实了,积土成山,滴水成川,才能取得成就,才能使工作真正成为了"事业"。

镇上有三个石匠在凿石头,路人经过问他们:这是在做什么?

第一个没好气地说:"难道你没有看到吗?我正在凿石头,凿完这块我就可以回家了。"——这种人永远视工作为惩罚,使他受累。

第二个无奈地说:"我正在做雕像。这是一份很辛苦的工作,但是酬劳很高。毕竟我有两个孩子,我需要挣钱养活他们。"——这种人永远视工作为负担,工作只是工作,辛苦、枯燥。

第三个石匠放下锤子,骄傲地指着石雕说:"我在干我的事业呀!你看,这是镇上的第一所教堂,我要将它建成镇上的百年标志。"——这种人以工作为荣，将工作看作一辈子的事业，乐在其中。

十年后，第一个石匠仍在工地上凿石头；第二个石匠坐在办公室里熬夜看图纸；第三个石匠则穿梭于全国各大城市——他成了有名的建筑商。

哲学家苏格拉底说："决定自己心情的，不在于环境，而在于心境。"

同样地，工作也是一样。我们如果把工作当成事业做，内心将会一直充满责任与激情。在旁人看来，这种工作也许枯燥而乏味，但我们会感到其乐无穷。既有对工作高度的责任，又有内心的激情燃烧，就不难把工作做得有声有色。

相反地，将工作当成负担的人，没有动力与激情，更谈不上创新的灵感，结果必然是本职工作做不好，反而更觉世道不公。

像善待自己一样善待你的工作吧，把工作当成自己最尊贵最光荣的事业，不要有一天蓦然发觉，因为没有把工作当成自己的事业去善待，以至于现在被狠狠地丢在了成功的门外。

哈佛幸福笔记：

哈佛大学泰勒·本－沙哈尔教授说过："在追求有意义而又使人们快乐的目标时，你就不再是消磨光阴，而是在让时间闪闪发光。将工作当成事业来对待，脚踏实地，精心细致，而我们自己也会从中得到快乐和幸福。"

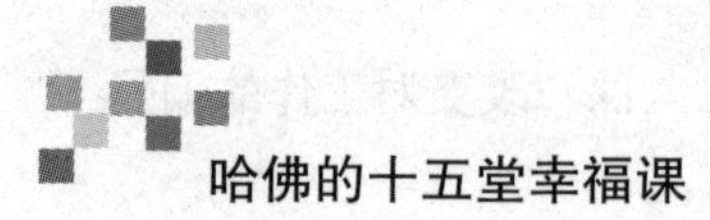

3. 把工作视为一种乐趣，而不是一种义务

美国石油大王洛克菲勒在写给儿子的一封信里这样说道："亲爱的孩子，如果你视工作为一种乐趣，人生就是天堂；如果你视工作为一种义务，人生就是地狱。"

在工作中，有的人对每天的循规蹈矩感到极其厌烦，似乎每天都有道不完的苦水，诉不完的委屈——今天又让老板训了，我那上司就是个傻子……

而有人却不然，他们每天哼着欢快的小曲儿来上班，见到同事就乐呵呵地打招呼；即使工作上挨批了，却依然兴高采烈地接受——感谢上帝，又让我免费学了一课……同样的工作，不一样的心境，最终造成截然相反的结局。

工作是上帝赠予我们的一份特殊的礼物，不是每个人都有这个权利去拥有的。这样想着，我们的心是否就会豁然开朗了呢？

安娜最初应聘到新闻栏目组时，每天的工作是节目介绍和报时，每天的工作内容一成不变不说，而且一天当中相同的一件事就要重复好几遍。渐渐地，开始的激情慢慢退却，她的心情极度糟糕，她越来越觉得这个工作简直就是一种负担。

时间久了，同事与她越来越合不来，这形成了一种恶性循环，使她的心情更加沉重。

直到有一天她突然想到：怎样才能在刻板的台词中加入自己的心里话，使别人的台词说出自己的心声。

后来，她发现，晚间节目介绍的前10秒钟是她的自由时间，可由她来自由支配。

"纽约昨天刮风了"，"大雪下得纷纷扬扬，真漂亮""国家森林公园的枫叶红了"……这短短的10秒钟，令她的心情彻底改变了，每日一句成了她一天中最大的乐趣。

渐渐地，暗淡的心情重归开朗，而她那颇具创意的每日一句也在听众中赢得广泛好评，原本僵硬死板的节目介绍也因为她的一句妙语而变得温馨无限，使人闻之如饮甘泉。

周围朋友对她也大加赞赏："干得不错嘛！看你，真是神采飞扬！"周围人的赞美令她激情无限，工作越做越好。不久，她就被提拔到了新闻主播的位置。

泰勒教授认为，抛开世间一切利禄功名，所有人在幸福面前都是平等的。泰勒提出要"改变对工作的偏见"，因为"把工作和痛苦绑在一起的恶习"深深地影响了我们在工作中获得的幸福感。如果我们把工作看作是一种特权，而不是责任，我们就会感到更幸福，同时还会有许多更好的表现。

我们的幸福在很大程度上都由我们的心态来决定。想想看，我们今天的努力工作不就是为了保住我们的这个"特权"吗？何苦天天为工作而烦恼？假如有一天我们的这个"特权"真的被剥夺了，还会有幸福可言吗？若要看见阳光，必先将自己从阴暗的囚笼里解放出来。

一个年轻人去爬山，中途遇见一位游览区的扫路人。

老人精瘦，他说自己今年已经七十岁了，但仍旧每天负责打扫这座山的石阶。

年轻人抬头望了望在暮色中顶天立地的大山，上山八百多级，下山八百多级，一上一下一千六百多级。层层叠叠的石阶，常使游客们大汗淋漓，甚至知难而退，半途而返。

年轻人不由得关切地问："您每天都这样工作，挺累的吧？"

"我每天早晨扫上山，傍晚扫下山，扫一程，歇一程，顺便也把好山好水看一程。多悠闲的日子，哪里会累？"他说得轻轻松松。

年轻人讶然。

老者见他这样的表情，爽朗一笑，说："其实我早该退休回家享清福去了，可我实在离不开这里：喝的是甘爽清冽的山泉水，吃的是自己种的纯天然的青菜，呼吸的是清爽的空气，而且还有花鸟做伴，我能舍得走吗？"

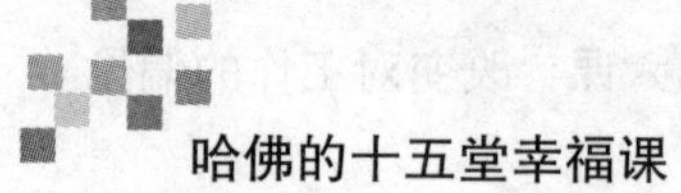

扫山的老人之所以能有如此恬淡宁静的心境，还不是因为他早已将扫山这项辛苦而单调的工作，视为了一种别人追求不到而自己正好拥有的特殊权利？如他自己所说——甘爽的山泉水，天然的青菜，清爽的空气，可爱的花鸟……这些东西，岂是任何一个人尤其是我们这些都市人，可以随便就能得到的？

每一份工作都有它非凡的独特意义，只是我们往往画地为牢，将自己圈禁在了一个小小的角落，满目看到的都是枯燥、无味，而非圈外所隐含的种种快乐与美好，从而在我们与幸福之间，高高筑起了一座墙。

将工作视为一种乐趣，而非一种义务，换个角度，打开心结，你会收获到不一样的惊喜。

哈佛幸福笔记：

泰勒·本－沙哈尔说："所有人都会体验不安、恐惧、快乐和幸福。无论我们是否富有，剥夺体验这些情绪的权利，其实就是剥夺获得幸福的权利。"将工作看作是一份礼物，一种特权，不要将它视为一种责任，一种负担，推开窗子，春和景明。

4. 把工作当作你喜欢吃的巧克力

美国电影榜上最受欢迎的励志电影《阿甘正传》,曾感动了无数人。里面呆头呆脑的阿甘经常说:"妈妈告诉我,人生就像一盒巧克力,你永远不知道下一个是什么馅儿。"正是这一个个的不知道是什么馅儿的巧克力,激励着笨笨的阿甘一步步走向幸福与成功。

我们每日投身于工作当中,枯燥繁忙的劳动让我们心力交瘁,工作上鸡毛蒜皮的小事更成了我们极度抑郁的导火线。渐渐地,工作懈怠、骂制度不公,骂领导偏心,嫉妒比自己优秀的同事……使得原本一心想从事的工作不再有意义。

其实这又是何苦呢?气恼愤怒是一天,眉开眼笑也是一天,同样的日出日落,何必用消极的眼光看待,这样也不免太过愚蠢了吧?每天试着给工作一张笑脸,工作才会回送给我们一份惊喜,生活才会更加多姿多彩——这才是幸福快乐的人生。

在一家跨国公司的财管中心,有一位打字小姐,她每天的工作内容就是不停地打字。盯着高高的一摞文件,手指"噼里啪啦"地敲键盘,不能说话,无暇想其他,只能打字,可想而知,这是多么得枯燥乏味。

然而更使她感到枯燥乏味的是,每个月都要专门腾出几天的时间,来填写一份又一份塞满了统计数字的报表。

如此工作了一段时间后,她实在是忍受不了这样的寂寞。她开始找方法——怎么才能使这令人厌烦的工作变得快乐有趣呢?思前想后,她决定从自己的工作质量和数量入手。

此后的每天早上,她都先把前一天打出的文字和所填报表的总量作个统计,然后集中精力、竭尽全力去打破前一天的工作记录。

她不断地挑战自我,不断地刷新更高的工作记录,而她也在这样的自我角逐中越来越体会到工作的乐趣所在。渐渐地,她的工作效率越来越高,常常会

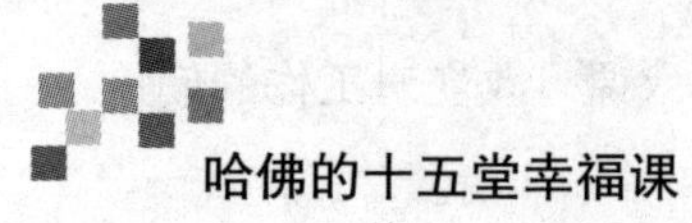

事半功倍。而她也因为工作出色,被提拔为了主管。

也许你的工作在很大程度上都是周而复始、往复循环的,这种状态往往使你疲惫不堪,心里也因之生出深深的厌恶、懈怠。倘若换一个态度,将工作当成一块香浓的巧克力,充满着幸福的味道与气息,你就会慢慢懂得:原来,工作是这样美好!

工作并不是呆板的机械运动,也不是冰冷的责任分工。它充满了人情、热情、欢情。一个没有人情、缺乏温情、极少热情、不知欢情的人,绝不会将死板的工作与香甜的巧克力联系在一起,更别说聆听工作中那美妙动人的旋律了。一位心理学家说:"对一个喜欢自己工作并认为它很有价值的人来说,工作便成为生活中的一个十分愉快的部分。"

有个美国记者到墨西哥的一个部落采访。

正赶上当地的一个集市,当地土著人都拿着自己的物产到集市上进行简单的交易。

这位美国记者看见一个老太太在卖芒果,虽然只有5美分一个,但是老太太的生意显然不太好——一上午也没卖出去几个。

这位记者动了恻隐之心,不忍老人家继续在太阳底下曝晒,他想把老太太的芒果全部买下来,这样她就能高高兴兴地早些回家了。

但是当他把自己的想法告诉老太太的时候,她的话却让记者大吃一惊:"都卖给你?那我下午卖什么?"

懂得享受生活的人,也会懂得如何拿出这份快乐积极的心情,静静地安放在工作当中。不要让抱怨扼杀了你的工作激情,也不要让烦躁统治了你所有的好心情。把工作当作自己最喜欢的巧克力,得到的就是巨大的工作热诚,真的是在享受工作的乐趣,如同享受生活的美味。

千万不要视工作如鸡肋，食之无味，弃之可惜，结果做得心不甘情不愿，于公于私都没有裨益。从现在起，踏实做好工作，让自己快乐地工作着。做一个懂得享受快乐、享受生活的人吧！

哈佛幸福笔记：

微软的招聘官说："从人力资源的角度讲，我们愿意招的'微软人'，他首先应该是一个非常有激情的人：对公司有激情、对技术有激情、对工作有激情，他们可能给你带来许多意想不到的成果。"对于每个人来说，只有对自己的工作永怀热情，才能快乐度过每一天。

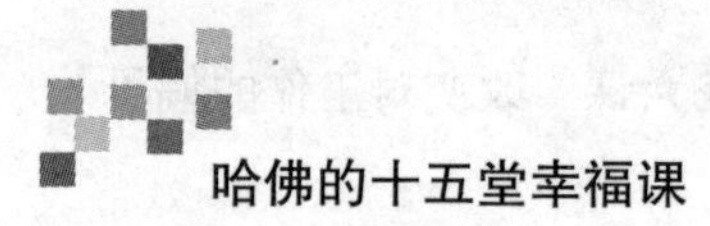

5. 当工作遭遇审美疲劳

凡是了解过心理学的人都大致知道一点:什么东西都该有个“度”。再好的一件事说的多了也会让人烦,再美的事物看多了也定会让人失了兴趣——这便是生活中的“审美疲劳”现象。就好比我们吃甘蔗,开始嚼的时候水分很多、很甜,可越嚼味道越淡,当嚼到没味、只剩下一团枯皮的时候,我们自然就要将它“一吐为快”。

在我们的工作当中,“审美疲劳”也是常有的。每天的工作环境一成不变,人还是那些人;每天的工作内容周而复始,事儿还是那些事儿……当最初的新鲜感随着时间的推移而逐渐淡去,取而代之的便是垂头丧气的倦怠感。

安德鲁是美国一家科技研发公司的CEO,从公司成立至今,他已伴随这家公司走过了五个年头。

可是近来安德鲁的心情非常郁闷,公司员工身上出现的问题令他倍感棘手。自公司成立5年来,由于非常准确的市场定位,一直发展得非常顺利。但是最近大半年,销售额不仅没有明显增长,甚至时有滑坡现象,企业业绩也开始很明显得徘徊不前了。

安德鲁为此非常苦恼,在从公司管理、销售、人员等多方面进行了详细分析后,得到的结果更令他深感不安——问题好像出在公司领导层身上!

领导层都是当初与安德鲁共同创业的团队成员,随着公司的高速发展,大家都获得了丰厚的回报。可是,这些高层领导的声音却渐渐低了,思路少了,开高层会议也很少有人发言,过去各抒己见、火花四射的场景几乎绝迹,创新性的想法更是鲜有提出。

为此,安德鲁特地召集这些高层领导,开了个紧急会议。面对安德鲁提出的问题,大家并没有反驳,反而坦诚相对,一致的说法是:都五年了,激情逐渐被磨灭,难以再重新提起工作兴趣,更别说发表意见、搞创新了。

原因说开了,安德鲁意识到这或许就是心理学上所说的“审美疲劳”,可是又能怎么办呢?大家都陷入了深深的迷茫当中……

好莱坞大片千篇一律的激烈热闹让人“审美疲劳”，书店里书名不同内容却相差无几的书让人“审美疲劳”，每天穿相同款式、同样颜色的衣服让人“审美疲劳”，日复一日重复同样的生活让人“审美疲劳”，整天做同样的工作，没有新意与创新，也容易“审美疲劳”……审美疲劳随处都是，带着无精打采的表情去上班的人一抓一大把。那么，怎样才能有效地消除这些疲劳，让我们的工作能更轻松、更快乐呢？让我们关注一下专家提供的建议：

第一，寻找“新鲜点”。

工作中，一旦对工作的兴奋减弱，我们便不再对其产生较强的美感，甚至对其表示厌弃。我们不妨重新审视一下自己所处的环境以及日常的工作内容，从中发现新的乐趣与新的挑战。新乐趣可以减缓每天重复工作内容的厌倦感，而新挑战则可以赋予新鲜的工作激情，使我们更加有斗志。

第二，劳逸结合。

如果我们的生活日程被安排得过于紧张，没有给自己喘息的机会，那么用不了多久，我们一定会感到身心俱疲，濒临崩溃边缘，人未老，心已老。在工作中给自己一个特别的空间，容许自己能懒洋洋地在河边晒一次太阳，在一个风和日丽的日子去郊外做一次野餐等，都是不错的放松选择。

第三，多做自我肯定。

在工作中，聆听别人的看法固然不可少，但我们更要学习信任自己的主观感受，对自己的能力有信心。当你承受不住工作的无聊与枯燥时，想想当初自己是怎么坚持到了现在？还不是自己有能力与实力来胜任这个工作？时时做些自我肯定，让自己更具信心，更有走下去的勇气。

因此，让我们正视工作中所遇到的“审美疲劳”吧，它只是一个过程，只要我们适时地改变心境，以另一种方式来对待，一定会有意想不到的惊喜。

哈佛幸福笔记：

泰勒教授说：“一个人只有学会把工作当作事业去经营，才能够让自己离成功更近。”一个懂得经营事业的人，随时随地都能保持一份高昂的激情对待生活中的一切，让我们随时保持一份高昂的激情去对待工作中的一切坎坷，让“审美”不再“疲劳”。

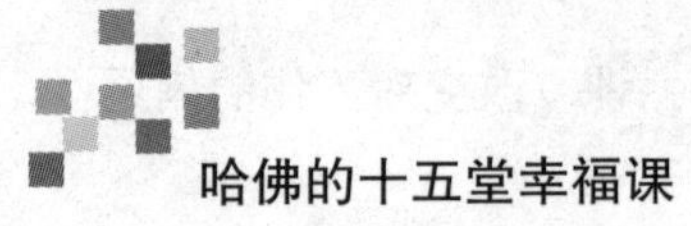

幸福小测试:你对目前的工作满意吗

1. 你工作时是否看表?

(1)不断地看

(2)偶尔

(3)不看

2. 你认为你的工作:

(1)大材小用

(2)很难胜任

(3)使你做了从来没想到自己能做的事

3. 以下哪种情况最符合你的实际?

(1)我不想在工作方面再学什么东西了

(2)我开始工作时很喜欢学习

(3)我愿意多学点与工作有关的东西

4. 你最赞成哪种说法?

(1)工作就是赚钱谋生

(2)工作主要为了赚钱,但如果可能,应当有令人满意的工作

(3)工作就是生活

5. 当家庭与工作发生矛盾时,你先顾哪一方面?

(1)每次都是先顾家庭

(2)如果家里确实有紧急情况,就先顾家庭,反之则先顾工作

(3)每次都是先顾工作

6. 如果你被列为多余的工作人员而被要求离开,你首先想的是什么?

(1)钱

(2)所在的公司

(3)工作本身

7. 你会为了消遣一下而请一天事假吗?

(1)会的

(2)如果工作不太忙,就有可能

(3)不会

8. 你是否把个人生活与工作截然分开?

(1)严格地分开

(2)时常分开,但也存在一些不分开的情况

(3)完全没有分开

9. 如果你赚了或继承了一大笔钱,你会:

(1)辞职,后半生不去工作

(2)找一份一直想要做的工作

(3)继续做现在的工作

10. 你是否加班加点地工作?

(1)从不加班加点

(2)如果付加班费就加班

(3)经常加班加点,即使没有加班费也是如此

11. 对于工作方面的事,你:

(1)能避免就不谈

(2)只和同事们谈

(3)同家里人或朋友们谈

12. 你是怎样选择你目前从事的工作的?

(1)该工作是我唯一能找到的工作

(2)靠父母或教师帮助选择

(3)当时就觉得该工作很适合自己

13. 你觉得自己在工作中不受赏识吗?

(1)经常这样想

(2)偶尔这样想

(3)很少这样想

14. 关于你的职业,你不喜欢哪一点?

(1)乏味

(2)自己支配的时间太少

(3)总不能按自己的想法做事

15. 一天的工作快要结束时,你:

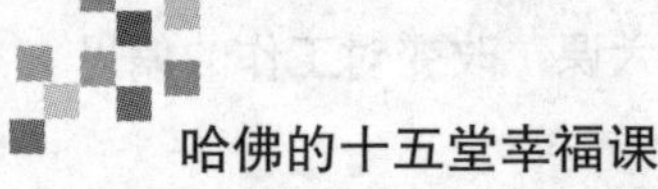

(1)为能维持生活而感到高兴

(2)感到疲惫不堪,全身不舒服

(3)有时感到累,但通常很满足

16. 星期一早晨,你:

(1)觉得自己愿意去上班

(2)开始觉得很勉强,但过一会儿就置身于工作中了

(3)希望获得不去上班的理由

17. 你对自己的工作是否感到忧虑?

(1)偶尔感到忧虑

(2)从来不感到忧虑

(3)经常感到忧虑

18. 你属于以下哪种情况?

(1)我不讨厌自己的工作

(2)我通常对自己的工作感兴趣,但有时有一些讨厌

(3)我工作时总觉得心烦

19. 你用多少工作时间打电话或做些与工作无关的事?

(1)很少的时间

(2)一定的时间,特别是在个人生活遇到麻烦时

(3)很多时间

20. 你是否想换个职业?

(1)不想

(2)不是换职业,而是在本行业找个好的位置

(3)想换个职业

21. 你觉得:

(1)自己总是很有能力

(2)自己有时很有能力

(3)自己总是没有能力

22. 你认为你:

(1)喜欢并尊敬自己的同事

(2)不喜欢自己的同事

(3)比自己的同事差得多

23. 去年除了假日或病假外,你是否还缺过勤?

(1)没有缺勤

(2)仅有几天缺勤

(3)经常缺勤

24. 你认为自己:

(1)工作劲头十足

(2)工作劲头一般

(3)工作没有劲头

25. 你认为自己的同事们:

(1)喜欢你

(2)并非不喜欢,只是不特别友好

(3)不喜欢你

26. 你是否常患小病或不知原因的病?

(1)从不患这类病

(2)不经常患这类病

(3)经常患这种病

27. 如果少付你三分之一的工资,你是否还愿意干这份工作?

(1)愿意

(2)本来愿意,但负担不了家庭生活,只好作罢

(3)不愿意

28. 你是否希望自己的孩子做你从事的工作?

(1)是的,如果他有能力并且适合的话

(2)不希望他做,也不反对他做

(3)不会的,而且要警告他不要做这种工作

29. 请指出你认为自己具有的特点:

(1)同情心

(2)思维敏捷

(3)情绪稳定

(4)记忆力好

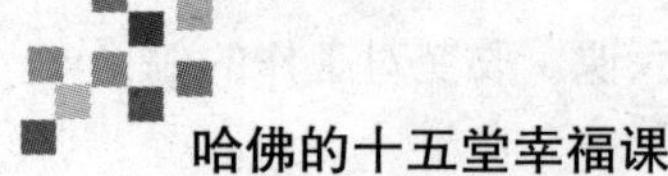

(5)能专心致志

(6)体力好

(7)喜欢创新

(8)有专长

(9)有魅力

(10)有幽默感

30. 根据29题列出的特点,指出你的工作需要其中的哪一些。

评分标准:

1—15题:选(1)得1分,选(2)得3分,选(3)得5分。

16—28题:选(1)得5分,选(2)得3分,选(3)得1分。

29、30题:每有一项重叠得5分。

测评解析:

30—50分:

你对工作很不满意,可考虑"跳槽",目前的工作实在不宜再干下去。

51—84分:

你对目前的工作不太满意,可能是你对自己的估计太高、选错职业,或者领导或同事中有让你讨厌的人。

85—144分:

你对工作比较满意,你的工作环境也比较稳定,继续加油,便有好前程。

145—175分:

你对工作很满意,你喜欢现在的工作并愿意尽心尽力地为其投入热情,只要工作方法正确,就很容易得到老板赏识。

175分以上:

你对工作投注的热情及喜欢程度有些过头了,可以说是"工作狂"。适当地放松一下自己也是有必要的。

第七课

设定可以带来快乐和意义的目标

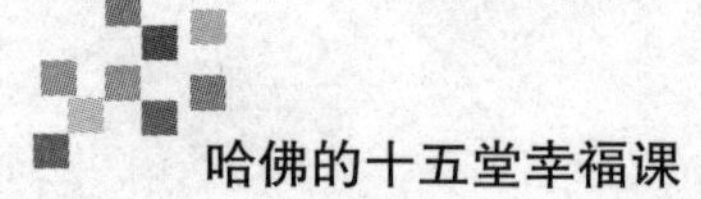

1. 当赚钱成为人生的目标

有位哲人说得好:“财富、荣誉、地位或权力等,不管从哪种角度来讲,都不是成功的标准。”在安德鲁·卡内基三十三岁,成为世界闻名的钢铁大王那一年,他勉励自己:“人生必须有目标,但赚钱是最坏的目标。我希望在直接的财富之外,每个人都会看到间接财富;在狭义的财富之外,有胸襟见到广义的财富。”

但是,不可否认的是,在这个光怪陆离的社会,我们为欲望所拖累,金钱在不知不觉中成了衡量我们成功与否的唯一标尺。但我们必须懂得:物质可以无限制地增加,但是你却未必能享受到真挚的快乐,当生命走到尽头时,回首从前,如果头脑中只剩下钱,那生命岂不惨淡?

一位中国 MBA 留学生,课余时间在纽约华尔街附近的一间餐馆打工,每天下班后总是对着餐馆大厨发誓说:“总有一天我会打入华尔街。”

大厨都只是忙于手中的菜肴,没有理会,后来终于有一天,大厨好奇地询问他:“那你毕业后有什么设想?”

中国留学生答道:“为了我的前途和‘钱途’,我必须要进跨国公司。”

“我没问你的前途和‘钱途’,我问的是你将来的工作志趣和人生志趣。”

留学生一时语塞。

大厨叹口气嘟囔:“经济如果再低迷下去,等到餐馆歇业,我就只好再去当银行家了。”

中国留学生差点惊了个跟头,以为自己听错了,眼前这位大老粗,岂能跟银行家扯得上?

面对学生的惊呆,大厨解释说:“我以前就在华尔街银行上班,终日为钱忙碌,这种劳苦生涯使我极其厌烦。我年轻的时候就喜欢烹饪,看着亲友们津津有味地品尝我做的美食,我便乐得心花怒放。终于有一次,我忙完了一天的公事后,已经是午夜两点多钟了,我在办公室里嚼着乏味的汉堡,就下决心辞职去当一名专业美食家,这样不仅可以满足自己的愿望,还能为众人献艺。”

幸福是什么？是忙碌完了一天的工作后，自己沿途走回家去一路收获的人间芳菲；是万家灯火璀璨了整个大地时，打开一盏属于自己的灯，看一本诗集里那久远的宁静与淡然；是拿着工作得来的报酬，去商场买一件自己心仪已久的衬衫……不是你手中握着大把的钞票，却不知该干什么；也不是为了赚钱彻夜不眠、日日不休；更不是因为要获取更多的金钱将灵魂委身于卑微贫贱的标有“利益”的泥土……

有一个天才面包师，自打出生开始，就对面包有着无比浓厚的兴趣，看到面包就迈不动步子，即使闻到面包的香气也会如醉如痴。长大后，撇开所有顾虑，义无反顾地作了面包师。

他做面包时，需要有四个缺一不可的条件：面粉和黄油要绝对精良，器皿干净透亮、一尘不染，令人赏心悦目的打下手的姑娘，称心宜人的伴奏音乐。四个条件但凡不完整，便酝酿不出情绪，做不出心中最好的面包。

他将做面包与创作艺术品放在同一层次，他可以为一勺不新鲜的黄油大发雷霆，在他眼里，这简直是难以容忍的亵渎。

如果哪一天没做面包，他就会满心愧疚：馋嘴的孩子和挑剔的姑娘只能去吃那些粗制滥造的面包了。

他从来不去想今天少做了多少生意，少赚了多少钱，然而他的生意却出人意料的好，超过了所有比他更聪明、更迫切赚钱的人。

金钱一旦被视为筹码，成为我们活着的唯一信仰与目标，它就再也没了最初给人温暖让人幸福的价值。我们用工作来获取金钱只是一种手段，是实现理想的手段。无论何时，一定要切记：理想要比金钱重要得多。

哈佛幸福笔记：

哈佛幸福大师泰勒·本—沙哈尔说：“一个幸福的人，必须有一个明确的、可以带来快乐和意义的目标，然后努力地去追求。真正快乐的人，会在自己觉得有意义的生活方式里，享受它的点点滴滴。”不要迷恋于钱财所带来的荣耀，这只是暂时的。成为钱的奴隶的人，不仅难与幸福结缘，还常与不幸结伴同行。

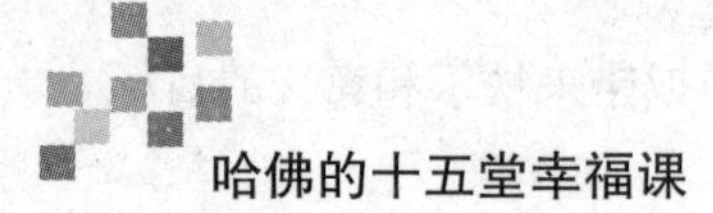

2. 幸福感是人生的终极目标

哈佛幸福课教授泰勒·本—沙哈尔曾说:“人生与商业一样,也有盈利和亏损。具体地说,就是在看待自己的生命时,可以把负面情绪当成支出,把正面情绪当成收入。当正面情绪多于负面情绪时,我们在幸福这一‘至高财富’上就盈利了。所以,幸福应该是快乐与意义的结合。真正快乐的人,会在自己觉得有意义的生活方式里,享受它的点点滴滴。”

我们置身于这个充斥着金钱与欲望的世界,为了生活整日奔波,在心力交瘁的忙碌中,我们拖着疲惫的身体走回家,没有人会体贴地问我们一句:你幸福吗?你所追求的使你感觉到幸福了吗?……大家都很忙,宁愿拿所谓的“幸福”去赌,也不愿在虚荣的位置上服输。

套用教授专家或者大师的话,许多人天天带着专业而深沉的表情,摇旗呐喊:人生的终极目标是追求幸福!而反过来看自己本身——一个连自己都没有幸福感的人,何谈要别人将终极目标定为幸福?

或许,幸福感就是个人的一种感觉,身无分文的乞丐在火车站睡得很香甜,感觉自己很幸福;而大富豪在五星级酒店还失眠,非常痛苦。有人原来骑凤凰牌自行车回家感觉非常幸福,现在驾宝马、奔驰回家也没有幸福的感觉了。

古伊朗著名诗人萨迪在讲到自己从不抱怨命苦时说了他的一次遭遇:

一次,萨迪没有钱买鞋,只能打着赤脚到教堂去。

进教堂前,他确实感到沮丧和不幸,而当他在礼拜堂里看到一位没有脚的人时,才发觉自己并非这世界上最不幸的人,并不再以穷困得没有鞋子为苦,于是他这样写道——

“在饱足人的眼中,烧鹅好比青草;在饥饿人的眼中,萝卜也是佳肴。

人们在沙漠中口渴难耐时所期望的,并非是让人扔给你一袋钞票或珠宝,而是一瓢能解渴的凉水。人们身无分文时所期望的,并非腰缠万贯,而是能解决有米之炊。”

看到他人使用名牌，既不眼红也不想占有，哪怕是粗茶淡饭也甘之如饴，就算是粗布陋衣也很感恩生活的人，才能从心底里产生真正的幸福感。

今天的都市人明显要比乡下人过得疲累——时刻堤防下岗，单位竞争激烈，公司里人勾心斗角，等等。

而朴实憨厚的乡下人的思想要相对单纯得多——他们可以满足于一袋烟、一壶小酒，甚至是今天早上他的老牛吃上了一把嫩草，一场好雨、一茬庄稼的丰收，都使他们感受到都市人无法体验的幸福。

毕淑敏在《提醒幸福》中说：幸福常常是朦胧的，很有节制地向我们喷洒甘霖。你不要总希冀轰轰烈烈的幸福，它多半只是悄悄地扑面而来。你也不要企图把水龙头拧得更大，使幸福很快地流失。而需静静地以平和之心，体验幸福的真谛。

1692 年镌刻于巴尔的摩圣保罗教堂上面的铭文中有这样一句话：尽管这世上有很多假冒和欺骗，有很多单调乏味的工作，和众多破灭的梦幻，它仍然是一个美好的世界。记住：你应该努力去追求幸福。

我们好似都知道了幸福的重要性，英国首相卡梅伦即将责令国家统计局设计一套新的统计方案，包括引入“快乐指数”，以帮助本国政府今后更合理地制订政策。还有法国、加拿大等国已在经济评估系统中引入反映民众快乐程度和幸福状况的参数，而巴西正讨论将追求幸福权纳入宪法保护。

哈佛幸福笔记：

萧伯纳说：如果我们不能建筑幸福的生活，我们就没有任何权利享受幸福，这正和没有创造财富就无权享受财富一样。幸福的感觉静谧清洁，身处闹市汲汲于名利的人，是感觉不到幸福感的存在的。

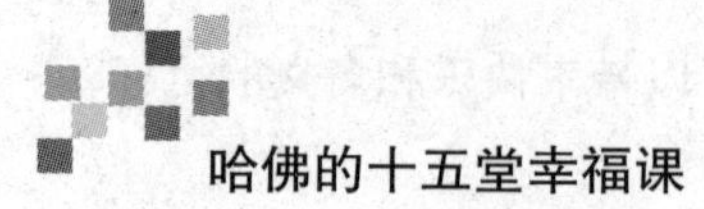

3. 设定一个让你每天都会跳着起床的目标

美国总统威尔逊曾说："我们因为有梦想而伟大，所有的伟人都是梦想家，他们在春天的和风里，或是冬夜的炉火边做梦。有些人听凭自己的伟大梦想枯萎而凋谢，但也有人灌溉呵护梦想，在艰难困苦的日子里精心培育梦想，直到有一天得见天日。"

是的，只有怀揣梦想并为之努力奋斗的人，才会使生命与岁月焕发出希望的喜悦，才能看到明天的曙光，但是，这个目标要合适。将目标设定在自身能力上限的范围之内，才会有前进的动力，享受到胜利的喜悦。反之，倘若一个人心比天高，设立的目标只怕会是无疾而终。就像我们每天早上睁开眼睛，一想到以后结婚要房子车子，整个人立即就蔫吧了，一整天都提不起精神头儿；但若是我们对自己说：今天要早些赶公交，不挤，还有座，结果我们肯定会一跃而起。

在一次国际比赛上，一位国内跳高运动员面临着冲击金牌的最后一跳，心情既紧张又兴奋。教练为了激励她，便对她说："加把劲！跳过这两厘米，你的房子就到手了。"

结果，她就是没能跳过这两厘米。

在洛杉矶奥运会上，当受了伤的跳水王子洛加尼斯同样面临着冲击金牌的最后一跳时，教练对他说的是："你的妈妈在家等着你呢。跳完这轮，你就可以回家吃你妈妈做的小馅饼了。"

结局便是：洛加尼斯用他的毅力和精神风貌征服了裁判。

同样是激励性的诱导，一所房子与妈妈做的小馅饼，这样的目标有多大的差距，结果便有多大的落差——一个很现实的目标能使人与金牌深情相拥，而一个超乎实际的目标却使人与渴望已久的金牌失之交臂。

一个人不断地跳起来，努力伸手去摘上面的苹果，如此费了一番周折，却始终没有摘到，路人看见了，问他为什么不摘下面一点的苹果，这个人说上面的苹果又大又红，肯定比下面的好吃。目标过高或者是不切实际，只会让一番努力付诸东水。

1984 年，在东京国际马拉松邀请赛中，名不见经传的日本选手山田本一出人意料地夺得了世界冠军。面对采访，他只说了这么一句话：凭智慧战胜对手。

当时，许多人都认为这个偶然跑到前面的矮个子是在故弄玄虚。马拉松赛考验的主要是体力和耐力，爆发力和速度都还在其次，说用智慧取胜实在是有点勉强。

两年后，意大利国际马拉松邀请赛，山田本一又获得了世界冠军。面对记者穷追不舍的采访，他还是那句话：用智慧战胜对手。

人们大为不解。

直到十年后，在他的自传中才解开了这个谜：

每次比赛之前，我都要乘车把比赛的线路仔细地看一遍，并把沿途醒目的标志画下来，比如第一个标志是银行，第二个标志是一棵大树，第三个标志是一座红房子……这样一直画到赛程的终点。比赛开始后，我就以百米赛跑的速度奋力地向第一个目标冲去，等到达第一个目标后，我又以同样的速度向第二个目标冲去。40 多公里的赛程，不心急，就这样一个一个的来。

在生活中，我们做事之所以会半途而废，往往是因为高远的目标让我们总觉得成功太遥远。有很多时候，我们并不是因为失败而放弃，而是追求成功的路上我们的倦怠过于沉重，使我们不得不停滞下来。

目标要的是切实可行，绝非空中楼阁，看似美丽，其实没有实现的可能。只有有个清晰具体的计划，我们才会少却许多不必要的惋惜与懊恼。要经常对自己说：做多一点，做好一点，一点点就好。

要想做一个幸福的人，人生目标万万不能高于自己的才能极限，适可而止方能自得其乐。不是所有的人都能当上将军，大多数人还是要当士兵的。因为并不是所有人都能气拔山河功盖世，纵马疆场剑刃一挥，叱咤风云。

设定人生目标要结合自身的才能，暂且将贪求虚无和好高骛远的想法远远抛开。假使明知不具备达成目标所需的条件，却还要不遗余力地对天大的目标孜孜不倦，终究还会是一无所获。不仅挥霍了精力，还白白糟蹋了年华。

哈佛幸福笔记：

每个人就是一条奔腾不息的河流，一路上我们需要跨越生命中的重重障碍，不要让每个前进的目标成为生命的桎梏，适当的目标才能使我们走得更远。

4. 试图同时走两根钢丝，永远也找不到平衡

看过杂技演员走钢丝的朋友都知道，杂技演员都是双脚走一根钢丝，没有同时两根钢丝横在半空，一脚走一根的。因为试图同时走两根钢丝，永远也找不到平衡，其结果只能是从空中惨然落下。

就如在我们的生活中，专注投入地做好一件事就好，如果目标太多，朝夕都在得陇望蜀，只会让我们花了眼，到头来终究是一事无成。正如古罗马奴隶普珀里琉斯·西鲁斯所说："如果同时做两件事，结果就哪件事也做不成。"

英国伟大的道德学家塞缪尔·斯迈尔斯说："如果一个人集中所有的精力和心志去坚持不懈地追求一种值得追求的事业，那么，他的生命就绝不可能失败。"

优秀的园艺家都懂得，要使树木茁壮成长，果实结得特别多，就必须将多余的枝条剪除。同样的道理，与其把你的精力分散到多件事情上，还不如集中精力于一件最重要的事业，这样才不至于最终两手空空。

有位青年人，虽然在工作上非常刻苦，做事异常勤奋，可事业还是平平凡凡，不见起色。经多次冥思苦想未果后，他决定找昆虫学家法布尔去为自己指点一下迷津。

他说："因为事业，我几乎是殚精竭虑了，但是为什么收获还是那么少？"

法布尔赞许地说："看来你是一个立志于献身科学的有志青年。"

青年说："是啊！我爱科学，但我也爱文学，同时，我对音乐和美术也很感兴趣，为此，我把全部时间都用上了。"

法布尔听完，微笑着从口袋里掏出一块凸透镜来，并将太阳光集中在纸上的一点，不一会儿，这张纸就被点燃了。

接着，法布尔对他说："把你的精力集中到一个点上试试看，就像这块凸透镜一样！"

青年人终于理解了其中的奥妙，忍痛撇掉一些枝枝叶叶，开始专注于文学

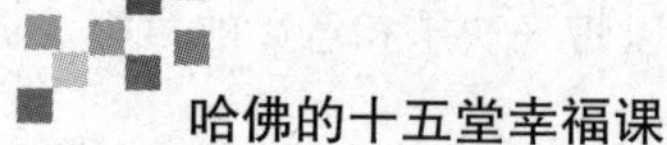

研究,最后成了一个著名的文学家。

著名电视节目主持人吴小莉说:“一个人围着一件事转,最后全世界可能都围着你转;一个人围着全世界转,最后全世界可能都会抛弃你。”

有一个力所能及的目标,有一股永远向前走的动力,专心做好一件事,别的暂且不论,只有这样,我们才能收获到生活赐予的甘甜,而非自己给自己灌一杯苦水。

法国画家雷杜德的一生都在画玫瑰,整整20年,以一种“将强烈的审美加入严格的学术和科学的独特绘画风格”记录了170种玫瑰的姿容,著有极具艺术价值的《玫瑰图谱》,后人称其为“花卉画中的拉斐尔”。

目标永远是我们将来生活的底片——我们今天的生活现状由三年前的目标决定,而我们今天的目标将决定我们三年后的生活。不管你有多少才能,多少才艺,并为此设立了多少光鲜亮丽的目标,你都要记住:撇开所有,保留一个你最热衷的,一心做下去,就够了。

意大利著名男高音歌唱家卢卡诺·帕瓦罗蒂,在回顾自己走过的成功之路时说:

“当我还是一个孩子时,我那做面包师的父亲,就开始教我学习唱歌。他时常鼓励我刻苦练习,练好基本功。

但在当时,我兴趣广泛,有很多爱好和目标——想当老师,当科学家,还想当歌唱家。每当我感到烦躁单调时,父亲便告诉我这样一句话——‘如果你想同时坐在两把椅子上,你可能会从椅子中间掉下去,生活要求你只能选一把椅子坐上去。’

“经过反复考虑,我最终还是选择了唱歌。我用7年的不懈学习,换来了第一次登台演出。又用了7年,我才得以进入大都会歌剧院。而第三个7年结束时,我终于成了歌唱家。要问我成功的诀窍,那就是一句话:请你选定一把椅子。”

“选定一把椅子”,即专心致志干好一件事,多么形象而又恰切的比喻。弹指一挥间,人生如白驹过隙,哪里有时间容我们有过多选择?那些左顾右盼、渴望拥有一切的人,往往因为目标不专一,最终一无所获。

在很多国人眼里,用友软件集团公司的董事长王文京的成功是“知识创造财富”这句话最生动的阐释。从一介书生发展到个人身价高达数十亿元的富豪,王文京只用了十几年的时间。谈及创业心得,王文京用最简单的语言概述:“一生只做一件事。专注,坚持。要想在任何一个行业出头,必须有沉浸其中十年以上的决心,人一生其实只能做好一件事。”

是啊,意图走两根钢丝的人啊,鱼与熊掌不可兼得,快收起你浮躁的心,专注于一件事上来吧!

哈佛幸福笔记:

比尔·盖茨说过:“如果你想同时坐两把椅子,就会掉到两把椅子之间的地上。我之所以取得了成功,是因为我一生只选定了一把椅子。”人生苦短,心无二用。面对一种选择,我们不能心有旁骛。只要我们作出了这种选择,我们就应该为之矢志不渝,贡献出毕生的精力与全部才华。不然,我们只会在摇摇晃晃中摔倒。

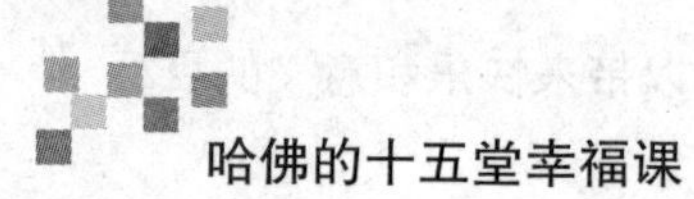

5. 一次只迈一步，奇迹就会发生

或许每个人心里都有一个梦想，在心底一个美丽的角落里悄悄地生根发芽。为了能尽快看到梦想之花绽放，我们恨不能让它一夜之间就开出绚烂的花朵。然而现实终究是现实，将这个不可顷刻间就能实现的目标拿到现实中来，只会让它加快枯萎衰老的速度。

浩瀚无边的汪洋，源自众多河流的皈依，而众多河流激情的灵魂，来自滴滴水珠的聚集；一段不菲的行程，承载了多少辛酸苦累，而这些宝贵的岁月旅程，归功于一步一个脚印的串联；一副美轮美奂的画卷，令多少人叹为观止，这份动人的魅力还不是因一笔一画的勾勒描摹？没有一次一步的点滴积累，怎有巨大成就？没有牢固的根基，怎会有江山的美好？

1983 年的一天，纽约帝国大厦外部墙面上的一个年轻人，引来了无数的记者和路人。这位年轻人徒手附在墙上，仰头直盯着大厦的楼顶，艰难而缓慢地向上攀爬。

围观的人群都在为他的举动而悬着一颗心，几次的滑落引得人群发出阵阵惊呼。面对大家的劝阻，他不仅毫不理会，反而只是稍事休整，然后又向上攀去。

渐渐地，他的身影在人们的视线中越来越小，最后变成了一个小黑点。

最终，这个年轻人以徒手攀壁的方式，征服了“世界第一高楼”——纽约帝国大厦。他也因此成为了该项吉尼斯世界纪录的创造者，还被人称赞为“蜘蛛人”，他就是美国人伯森·汉姆。

当有人问伯森·汉姆是以何种方式克服恐高症时，他笑着说：“打算一口气儿跑完 100 公里也许需要勇气，但是走一小步路是不需要太多勇气的。把自己的每一步都看做起点，一次只迈出来一步，接着第二步，第三步……最终就能创造出奇迹来啦！”

同样有一位63岁的美国老太太，从纽约步行到了佛罗里达州的迈阿密，面对记者的采访，老人回答：我先走了一步，接着又走了一步，然后再一步，最后就到这里啦！

再向前一步，就有奇迹发生，一个脚步，一份坚持，最终会收获别致的风景。

生于贫苦家庭的梁容银，有一天在电视上看到一个美国人轻轻地挥动手中的球杆，白色的球沿着美丽的弧线穿过湖泊、滑过草地，然后滚入一个圆洞。他记住了这项运动的名字：高尔夫。

梁容银风尘仆仆地赶到一个乡村俱乐部，以"不要收入"的条件留在了那里。

第一次接触到高尔夫，梁容银的内心既激动又紧张，他在工作之余，从零开始练习，他没有教练，就通过看电视上的比赛模仿比画，自学成才。

面对父亲的极力反对，梁容银坚定地说："我不会像您那样生活，我要追寻自己的梦想。"

1997年，梁容银考上了职业高尔夫球员。这一年，美国的一位天才高尔夫球员泰格·伍兹也由业余选手转为职业选手，他是世界大师赛的冠军，大家用谐音叫泰格·伍兹为"老虎"。

梁容银为自己确立了更具体的新目标，那是"梁容银要打败老虎伍兹！"

十年磨一剑，整整十年之后，在91届职业高尔夫锦标赛上，37岁的梁容银打虎成功，夺取了美国PGA锦标赛的胜利。他成为两次击败"世界第一"的亚洲第一人！

消息传回韩国，举国欢庆，梁容银被誉为"民族英雄"。韩国总统李明博第一时间打电话给梁容银表示祝贺，感谢他为国家立了大功。

"我的人生节奏很缓慢。我总是一次只迈一步。10年、20年，努力的人终究有战胜第一的机会。态度决定一切，没有什么人是绝对不可战胜的。""草根英雄"梁容银一脸微笑，平静淡定。

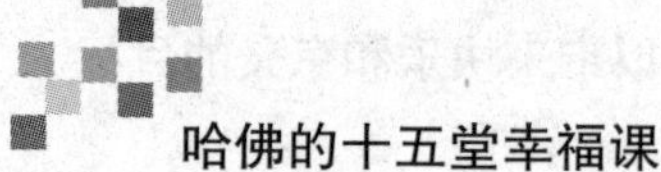

美国作家莫顿·亨特告诫说:化整为零,各个击破。在生活道路上,走一步,也许看到的是沟壑纵深的险地,但止步不前,却永远只能停驻在原点,永远没有巅峰伫望的豪迈。

哈佛幸福笔记:

"输在起跑线上"的哈佛男孩于智博,以骄人的成就改写了自己的人生,他说:"未来的成绩决定于你现在迈出的每一步,而不是你在曾经的起跑线上的表现。"生命本该为梦想而多走一步,不畏辗转沉浮的前程,多走一步才能盼得彼岸花开,才能让生命的旅程走出风采,光芒万丈。

幸福小测试:你的兴趣和优势在哪里

一般来说,个性越适合工作,对工作的满意度越高。实践家知识管理集团有一套专门测评个人性格、特长及适合行业的软件工具。它把人的性格分为:D型(支配型)、I型(影响型)、S型(稳健型)、C型(服从型),这四种性格的不同组合基本囊括了所有人的行为特征。事业称心如意的秘密在于做最适合你性格的事,只有少数几个幸运儿早年便能发现这一秘密,但多数人都困在一种矛盾的心理苦役中,不知道自己能做什么、想做什么,而DISC正是我们解决这一问题的法宝。

D、I、S、C的四种表现,你会倾向下列哪种呢?

D型的人支配性比较强,可以处理带有挑战性的问题,能够以比较积极和果断的态度面对任何问题,迎接任何挑战。

D型人的理想工作环境:

无拘无束,不拘小节;

创新,前卫,可自由地表达想法和意见;

有挑战性,不要一直重复;

直接、不啰唆;

对低效率和优柔寡断感到厌烦。

D型人的职场特质:

没有兴趣从事一成不变的工作;

没有耐性循着常规的通道升迁;

乐于挑战的开创者;

不安于现状的企业家,喜欢开创新市场;

追逐更大的权力、更高的位置;

不怕压力,期待工作就像战场一样充满挑战;

不喜欢当幕僚,希望可以掌控全局。

D型人适合从事的工作:

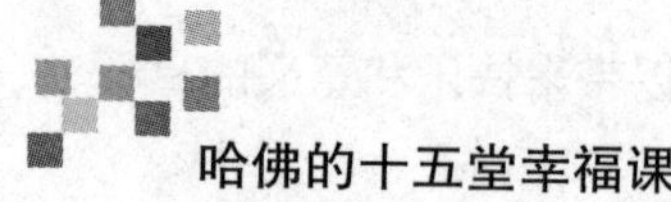

政治人物,民意代表,律师,高层主管,老板,业务代表,创业家,职业军人,运动员,发明家……

I型的人比较喜欢发挥影响力和互动力,跟大家一起互动。

I型人的理想环境:

在高尔夫球场、酒吧或咖啡厅的表现最好;

有社交气氛、有互动;

感觉受到重视;

感觉受到关切;

直接称其名字,会让他们更高兴;

最好有人一起共事。

I型人的职场特质:

希望得到掌声;

与人互动接触;

能发挥口语表达能力;

工作气氛愉快;

有轻松的工作环境;

不喜欢官僚的程序;

重视员工的休闲规划;

允许一些天马行空的想法。

I型人适合从事的工作:

教育训练,演艺,新闻媒体,设计师,广告,创意,电话行销,客户服务,节目制作,娱乐事业,营销企划,柜台接待,旅游业,电视购物……

S型的人比较稳健,在工作中表现出一贯性和稳定性,是天生的系统思想家,做决定之前,一定会把所有东西都确认一遍。

S型人的理想环境:

注重保障且为人正直;

建立持久的友谊关系;

稳定且可预测的环境;

需要改变之前，先给他们重新思考的时间和空间；

不喜欢在没有前例的情况下行动。

S型人的职场特质：

有非常高的稳健度，能稳定地进行工作；

具有高度支持团队的能力，是团队中非常坚定的拥护者；

喜欢在工作中接触人，只是在作风上比较保守、被动；

不习惯有强烈的理想和目标，但会务实地尽心尽力，一步步地达成组织的目标；

不喜欢管人，不喜欢有压力，也不喜欢给人压力；

有随遇而安的倾向，并且能长期、持续地做一成不变的工作；

喜欢做计划，喜欢享受在计划之下的安全感。

S型适合从事的工作：

老师，辅导员，社工，柜台接待，特别助理，顾问，行政人员，秘书，心理医生，幼教人员，公务员，非营利事业组织人员，宗教推广，护理人员……

C型的人面对别人所制定的规则和程序的时候，态度比较谨慎、温顺。事实上，我们可以称他们为修正先生，或修正小姐。简单讲，他们对品质的要求比较严谨，对程序的要求比较清晰，对证据的确认会做得比较完整。

C型人的理想环境：

例行且重复的工作；

接受权威，害怕犯错；

不需应付冲突情况；

偏好个人办公室与工作场所；

能发挥独立思考能力；

无须面对复杂的人际关系。

C型人的职场特质：

要求高品质，追求完美，不断改善；

重视规划、顺序、流程及制度；

喜欢谨慎思考后才做出行动；

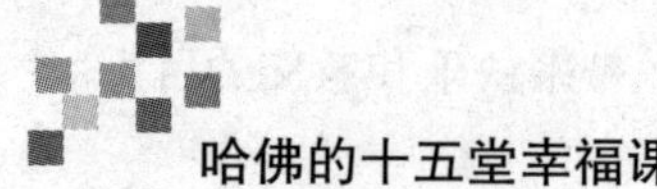

善于修正别人的论点；

注重事实的正确性及数据的完整性；

可以独立作业，在实验室、研究室、图书馆里可能都有他们的身影；

有能力处理纷繁复杂的书面信息。

C 型人适合从事的工作：

艺术家，作家，导演，程序设计师，投资理财人员，管理顾问，编辑，经营企划专员，土地开发，法务，稽核，成本控制，会计，精算师，银行职员，证券分析师，科技公司品质管理人员、研发人员，医生……

第八课

相信自己,才会拥有幸福

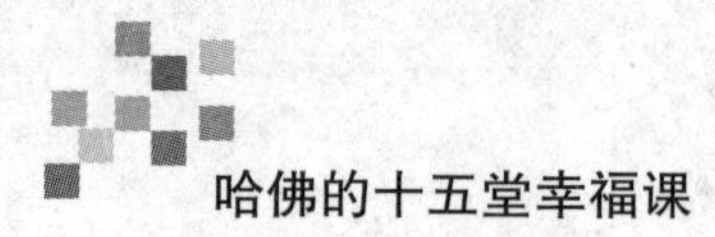

1. 如果你不相信自己,谁会相信你呢

居里夫人说:我们必须有恒心,尤其要有信心!我们必须相信我们的天赋是要用来做某种事情的,无论代价多么大,这种事情肯定做得到。

发光并非太阳的专利,我们同样也可以发光。自信的人,永远都精神焕发、神采奕奕,对待生活与工作有极大的热情,好似他们是幸福的最好例子。但当一个人连自己都不相信的时候,很容易因人一句话就畏手畏脚,迷失自我。在别人的评论中痛失自己的幸福,在他人的看法里湮灭自己的个性。如果连自己都不相信自己了,那还指望别人能给予你多大的信任与厚望呢?

一个失意的年轻人,对生活感到万念俱灰,于是他来到智者面前,向他请教如何获得幸福。

智者给他一块丑陋的石头,说:"拿它到市场上去,但无论谁出多高的价钱都不要卖掉。"

年轻人便来到市场上卖石头。第一天、第二天没有人对这块丑陋的石头感兴趣,但到了第三天便开始有人来询问,到了第四天,这块石头已经有一个相当不错的价钱了。

智者说:"再把它拿到石器交易市场上去卖。"

于是年轻人又来到了石器交易市场。第一天、第二天无人问津,第三天开始有人过来观察,此后的几天里,石头的价格已经被抬得很高了。

智者又说:"你再拿它去珠宝市场上去。"

就这样,这块石头的价格最后竟可以与珠宝同值了。

人的身价与这块石头何尝不一样?如果你认定自己是一块普通的石头,那你永远只是一块石头;而若你坚信自己是无价珠宝,那你就是价值连城的珠宝。如果我们自己都随便否定自己,又怎能博得别人的信赖呢?

匈牙利民族解放运动的领袖科苏特说:“我们不应该轻视自信的价值,它比任何个性都能展现男人的气概。”

即使只是一滴水也能折射出太阳的光辉,即使一颗流星也能划破夜空的沉寂。不要盲目地否定自己,天生我才必有用,你要相信,现在的自己就是埋没在沙滩上的金子,它总是会发光的。

有一个关于麦克阿瑟将军的故事:

麦克阿瑟在西点军校考试的前夜,感到非常焦虑,非常害怕自己会落榜。

这时,他的母亲走过来,说:“我的儿子,你必须相信你自己,否则没有人相信你。只要你抛弃了内心的怯懦,给自己一份信心,你就一定能赢。尽管你没有把握成为第一,但你也要有充分的自信,即使最后你没有通过,但你知道自己已经全力以赴了,不留遗憾。记住,儿子,你必须做最好的自己。”

母亲的话给了他极大的鼓励与支持,第二天,他满怀信心地走进考场……

后来,西点军校的考试成绩公布了,麦克阿瑟名列第一。

这此后,凭着自信,他取得了一次又一次的胜利,成为美国历史上著名的将军。

唯有自己能提高自己的信心,也唯有自己能贬低自己的信心。当你因一次又一次的打击而沮丧万分的时候,当你连遭一系列挫折心情降到零点的时候,当你面对这样那样的挑战瞻前顾后畏畏缩缩的时候……你可不可以这么问自己一句:我都不相信我自己了,谁还会相信我呢?

日本某大公司招聘职员,一应聘者面试后等待通知时惴惴不安。后来终于等到回复——落选了!他悲痛不已,选择了自杀。结果被家人及时发现,自杀未遂,这时,公司寄来一封致歉信与录用通知,说电脑系统障碍,他原是榜上有名的。他拿着录用信兴高采烈地去公司报名时,却被告知辞退了,原因是——为了一点小事就轻生的人,怎会在事业上有大的成就?

只有自信才能激励我们成功,而那些软弱胆小者是永远体会不到自信者身上散发出来的灼热光芒的。人生有许多需要自信的时候,在那些时刻,选择不

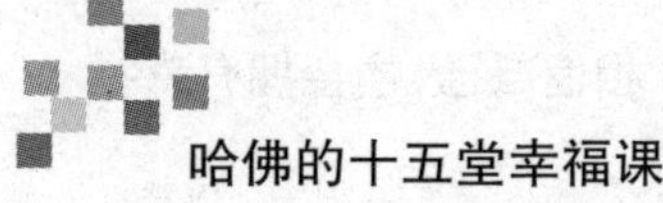

同,未来的面貌往往千差万别。自信心可以产生意想不到的力量,它使人拥有一种独特、炫目的光芒。

哈佛幸福笔记:

罗曼·罗兰说:先相信自己,然后别人才会相信你。因为自信,剑桥大学认为自己就是这个世界,而哈佛大学认为自己能够改变这个世界。哈佛人不相信红绿灯,但很相信自己是重要的。给自己充分的自信吧,相信自己是一个优秀的人。

2. 每个人都有幸福的权力

我们生活在这个光怪陆离的社会，一次又一次面对各种各样的挑剔与被挑剔，选择与被选择，我们曾经的那份饱满的自信，在否定与怀疑中渐渐被淹没了。

其实，每个人都有幸福的权力，工作也好，生活也罢，我们都是平等的，只是我是打字的，你是扫地的，大家都是为了可以独立生活而奔波，都是在为追求幸福而努力。

一个人的未来岂能为他人来指点来左右？它是由自己坚定的信念与热情创造出来的。千万不要因别人不明所以的论断而束缚了自己前进的步伐。勇敢地迈开步伐，追随你的热情，带着自信的帆，朝着幸福的方向起航。

博格斯从小就喜爱篮球，可因长得矮小，伙伴们都瞧不起他。有一天，他很伤心地问妈妈："妈妈，我还能再长高吗？"妈妈鼓励他说："能！你能长得很高很高，会成为一个很多人都知道的篮球明星！"

长高的梦想犹如心里的一盏灯，时刻闪烁着希望的火花，可惜，直至博格斯成年，他依然只长到了 1.60 米。

博格斯横下心，决心要靠 1.60 米的身高闯天下。"矮就是我的动力，我偏要证明矮个子也能做出大事情！"

在赛场上，人们眼中的博格斯简直就是个"地滚虎"——从下方来的球百分之九十都被他收走，越是个子矮越是飞速地低运球过人。

后来，博格斯以 NBA 第三的成绩进入了夏洛特黄蜂队。

博格斯至今还记得当年妈妈鼓励他的话，虽然他没有长得很高，但他已经成为人人都知道的大明星了。

每个人都有幸福的权力，无论你是贫穷还是富有，是长相不好还是身材欠佳，只要你拥有了自信，就能用自己未来的成功为曾经的郁郁买份漂亮的单。

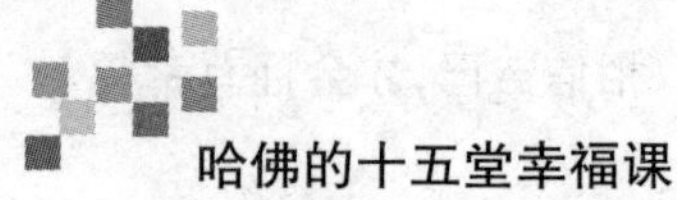

很多时候，敢于追求独立自主才是成功的重要方法，不相信自己，就等于将自己背叛了。那些正处逆境中的人们，无论你们现在陷于何样艰难的境地，一定要保持那宝贵的、无可替代的自信心。你那高昂的头颅绝对不可以被挫折和这样的借口压下去，你要成为环境的主人，而绝非奴隶，因为，每个人都能成功，都能得到幸福的垂怜，跨过重峦叠嶂，前方就是属于你的星光大道。

哈佛幸福笔记：

恩格斯写信告诉友人：在春光明媚的时候，我坐在花园里，透明的阳光温暖了我的背脊。我嘴里衔着一支长长的烟斗，手中捧着一本享之不尽的好书。这种无忧无虑的快乐，世界上任何一种快乐都无法比拟……这样的幸福，我们人人心向往之，那就行动起来，战胜你内心的怯懦，给自己一份信心，让自己更具魅力与活力吧！

3. 停止“我会失败”的焦虑

自信来源于外表的修为,更来自内心的充实。一个人若是金玉其表,心里却装满了自卑与畏怯,这个人也只是失败行列中的一份子,与成功无缘。如果经常以一种消极的心态面对生活,用悲观的眼光看待世界,遇事便摇头摆手,连连后退,道:“不行不行,这太难了!”、“我怕我会做不好。”、“一定不会成功的,别抱希望了。”……如此等等,久而久之,我们就会作茧自缚,挣脱不开“我会失败”的黑色包围圈。

卡耐基说过,坚持心理上积极的自我暗示,对一个人取得成功非常重要。一心想要成功的人,成功的机会比较大;同样,一心害怕失败的人,失败就会占据很大的概率。

世界著名的走钢丝人卡尔·华伦达曾说:“在钢丝上才是我真正的人生,其他都只是等待。”就是以这种信心,他成功地走了一次又一次。

然而就在1978年,这位钢丝巨人在波多黎各表演时,从75尺高的钢丝上摔了下来,当场气绝身亡。

后来,华伦达太太说:“我就知道这次一定会出事故。在表演前的三个月里,他都在不停地怀疑自己——这次可能会掉下去。他也经常问:万一掉下去怎么办?……”

他花了很多精力避免掉下来,而不是在走钢丝上。

假如你有坏的预感,千万要告诉自己:不可能有这种事,绝不会发生的,潜意识便会听从你的指示,所以,要想办法把“我会失败”的意念抹灭掉,换成“没问题,我一定会成功。”就万事大吉了。有时候,不是因为有些事情难以做到,我们才失去了自信,而是因为我们失去了自信,有些事情才显得难以做到。

生活中,要多用肯定句来给自己心理暗示,有时越担心的事件越会发生。比如刚学会骑车的人在遇到前面有人时,如果不断地惴惴不安:“千万不要撞上去。”

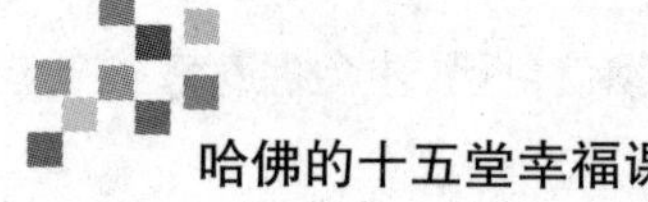

可能真的就会撞上去,而如果这样想:"我一定能够绕过去。"结果或许就皆大欢喜了。把"我不能考砸了!"改为"我一定会考出好成绩!",将"我不能生病!"改为"我一定很健康!",将"我一定要做得最好""我一定要考第一"改为"我能发挥得更好""我一定会考出更好的成绩"……这些都会带来意想不到的结果。

世界前拳击冠军乔·弗列勒每战必胜的秘诀是:他参加比赛的前一天,总要在天花板上贴上自己的座右铭:"我能胜!"

相信自己,便能成功。

1900年以前,德国有100多名勇士先后参加了一次大冒险——独自一人"驾驶单座折叠式小船横渡大西洋",结果均惨遭失败,葬身大西洋。

然而,有一个人却创造了奇迹,活着归来了,他就是当时德国的一名精神科医生林德曼博士。

事后回忆冒险过程,他说:"在大洋上与海浪孤身搏斗,最可怕的不是体力不支和风浪的袭击,而是自身产生的惶恐和绝望,一旦驾驭不了,它就会吞噬你!"

他说,在航海过程中,他一直在内心深处暗暗鼓励自己,相信自己一定能成功。他不停地在内心呼唤:"一定要成功!我一定要成功!我一定会活着回去!"——他就是用这样的方式维持了自己的坚毅并战胜了恐慌。

信念无敌,一个人只要对自己不失望不放弃,永远对自己充满信心,精神就不会崩溃,就有可能战胜一切困难,取得成功。

想得到,就能做得到。

哈佛幸福笔记:

泰勒教授坦言:"失败并不可怕,要想提高成功的概率,唯一的办法就是把失败的概率减少。"在做每件事情之前,先停止"我会失败"的考虑,不然,你真会实现这个极度消极的"理想",而你也要知道,你不是被这件事情本身打败,而是被你自己营造的恐惧心理给吓退了。

4. 自卑情结是幸福最大的敌人

我们一直渴望自己能抓住幸福的尾巴，让每一个日子都散发着幸福清香的味道。然而，当我们一直觉得自己不如别人优秀，时刻想着没有他人光彩的时候，却发现幸福离我们越来越遥远。我们不敢抬头，畏于向前迈出自信的步子，只能仰望着他人的幸福，而默哀着自己低微到尘埃的心情。

当一个人的自卑心理形成后，往往由开始怀疑自己的能力，发展到不能表现自己的能力；从怯于与人交往，到孤独地自我封闭。

自卑的人很大程度上都曾碰到过一些困难，于是便产生卑怯心态，觉得自己一无是处。其实他们不知道，自己也可以散发出光芒，改写自己的命运，得到属于自己的幸福。

一个嗜酒如命的人，在一次酗酒之后把酒吧里自己看着不顺眼的服务员给杀了，结果被丢进监狱，判了终身监禁。

他有两个儿子，哥哥与弟弟仅相差一岁。哥哥时常想着自己有个杀人犯的老爸，强烈自卑，整日无所事事，混迹街头，与酒精为伍，最终，他染上了吸毒和酗酒的恶习，后来也因为杀人而步入监狱。

而弟弟，他现在已经是一个跨国企业的CEO，并且组建了美满的家庭。

说起来还真是不可思议，造成这种差距仅仅只是因为两个人的想法大相径庭——弟弟从不把自己有个杀人犯父亲当做自卑的负担放在身上，而是不断地告诫自己：“我有个杀人犯父亲的事实虽然不能改变，但是我可以改变自己，我依然是最出色的！”

不能改变环境带来的颓废与痛苦，那就改变自己好了，让自己拥有一个积极乐观的心态，每天将阳光往自己心田里扫一米，让温暖与光亮照亮内心的每一个角落，并告诉自己：看，我的世界多么明亮宽广！

罗夫·华多·爱默生说：在我看来，最难克服的并不是自卑本身，而是说服

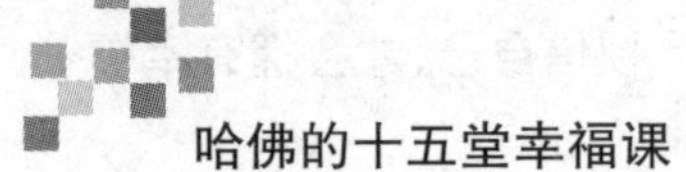

自己勇于承认自卑,并且像对待恋人一样去认识它,最终你将获得幸福。

阿德勒是一位奥地利精神病学家,被称为“现代自我心理学之父”。1870年,阿德勒出生于维也纳的一个商人家庭,家境富裕不说,家人都接受音乐的熏陶,生活在这样一个丰衣足食的幸福环境里,阿德勒的童年却是在阴暗中度过的。

阿德勒的亲哥哥,高大健壮,活蹦乱跳,人见人爱;而阿德勒却自小体弱多病,还是个驼背,加上他5岁那年的一场大病,更让他身材矮小面容丑陋。

聪明的阿德勒很勤奋,他考上了大学,毕业后当了医生。

1907年,阿德勒发表了一篇论文,与由身体缺陷引发的自卑有关,因此一举成名。他反对弗洛伊德的性决定论,认为社会文化因素在人格形成和发展中有着决定性作用。

他说:追求卓越是人类动机的核心,而如何追求卓越,则取决于每个人独特的生活风格。人总是有缺陷的,由于身体或其他原因引发的自卑,能摧毁一个人,使人自甘堕落或发生精神病;另一方面,它还能使人发愤图强,力求振作,以补偿自己的缺点。

你就是你,世上独一无二。不要再羡慕别人的光环,不要让自卑成为杀害你幸福的凶手。你的幸福就在你的手中,抛弃自卑,双手将幸福握得更紧一些吧。

哈佛幸福笔记:

《哈佛家训大全集》里有美国罗斯福总统的事迹。罗斯福虽说患有小儿麻痹症,但自信一向是他的制胜法宝,因为这个,他勇敢地除掉了自卑这个敌人,最终坐上了总统的位子。我们也不要再让自我怀疑的思想潜入脑海,不然就只能会离梦想与幸福越来越远。

5. 找到让你自卑的原因

生活中，有太多理由让我们掉入自卑的陷阱：当我们看到一个仪态万方的女子自眼前走过，不禁会为自己相形见绌的身材感到自卑；我们为自己先天没有一头靓丽的秀发自卑；为我们的贫穷自卑；为自己弹不出动听的曲子自卑；也为自己画不出优美的图画自卑……

太多的自卑让我们脸上的笑容逐渐减少，直到失了踪迹，我们越来越不快乐，与幸福越来越远。究竟是什么拿着“自卑”的盾牌，硬生生地抢走了我们的幸福呢？

1. 攀比衍生自卑

一个高傲的武士在拜访禅宗大师时，面对气度雍容的大师忽然自卑起来，于是他请求大师告诉他自卑的原因。大师指给他看院子里的一棵参天大树，以及旁边的一棵又矮又小的树。大师说这两棵树长在这里已多年，可是它们之间从没有过不和——大树没有瞧不起小树，小树也没问过大树“为什么在你面前我感到自卑”，这是为什么呢？武士想了片刻，答道：“因为它们不会比较。”

当你有一个疼你、呵护你的爱人的时候，请不要要求他是百万富翁，能给你宝马别墅；当你赚取的金钱可以满足衣食住行，还能常给父母买些补品的时候，请不要再幻想着自己一夜暴富天天在家里数钱数到手抽筋……你可知道，折磨人的自卑便由盲目的樊比产生。

2. 缺陷造就自卑

岛国有个十分英俊的王子，但却是个驼子——这个缺陷令他非常自卑，终日闭门谢客。

有一天，国王请了个雕塑家，要他为王子雕刻一尊塑像。

不多久，雕刻家就完工了。国王将这尊雕像竖立在王子宫前。

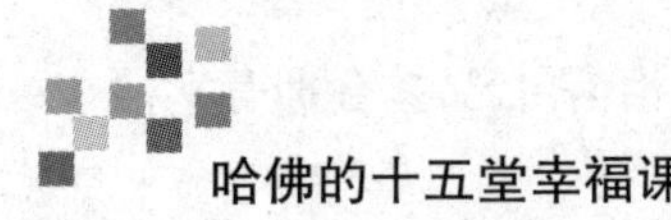

王子看到雕像时，深深地被震撼了——他带着自信的微笑，站得笔直，威武潇洒极了。

王子决定克服自己的自卑，出门见客，并尽量站直。

后来，奇迹出现了，当王子出现在百姓面前时，背是直挺挺的，与雕像一样。

一个人或为什么样，源自他相信自己什么样。但是许多人的缺陷都无法像故事中王子那样，经过努力会改变，也许它会伴随你终生，而你难不成要终生都被自卑所围困吗？强者之所以成为强者，是因为强者善于战胜自己的软弱。伟人之所以伟大，因为他们始终保持着一种积极乐观的心态，比普通人更自信。

3. 挫折造成自卑

一个中年人做生意，一连几桩生意都砸了，欠了一屁股债，债主天天上门追讨，无奈之下，他准备跳崖。正当他要走出那一步时，遇见一个背竹篓的老人唱着歌来采药，中年人找了片草地坐着，待老人离开后再次走到悬崖边——只见下面是一片黝黑的林涛。他不禁惧怕地退后两步，抬头望着天空，希望的亮光在他大脑里闪过：不就是赔了点钱吗？再赚回来不就行了！于是，他回到城市，又从打工仔做起，直到今天，成了一家公司的副总裁。

在我们一生中，随时都有险境与湍流，低头看到的是险恶与绝望，在眩晕中失去了生命的斗志，坠入万念俱灰的地狱。那就抬头看看天吧！那一片辽远的天空，充满了希望与新生，让我们重新拾起丢在路边的自信，带着它找回温暖光亮的天堂。

抛弃卑怯的自卑感，让自信取而代之，你那如葵花盛开的笑容，会一直伴随着你踏在人生的路上，绽放在曲径通幽的小径间，蓦然一回头，落英缤纷，繁华似锦。

认识到了自卑爱钻的空子，那么该怎样将其驱逐呢？不妨看看专家提供的建议：

第一步，多一些积极的心理暗示。

就像刘翔跨过跨栏一举夺冠时说的那句:“我是最棒的!”不管是多么微不足道的事,只要做了,就鼓励赞美自己一句:我真棒!时间久了,你会发现,原来我真的很棒。

第二步,从“小目标”做起。

目标太高往往令我们望而却步,还没来得及付诸行动就被高远的路途给吓得退回去了。为自己量身定制一个个小目标,逐步增强自信心。

第三步,不要太“争宠”。

我们都是上帝的孩子,造物主的宠儿,每个人都是平等的,不要过于强求不属于自己的东西。不是你的,最终还是会物归原主,而自己又要遭受一番打击,如此自卑就把信心的领地占领了。

做到这些,自卑丢盔弃甲,自信形影不离。

哈佛幸福笔记:

哈佛大学泰勒·本-沙哈尔教授强调这样的人生态度:“自卑是人生中最危险的杀手,自卑可以轻易地毁掉一个颇具才华的人。”所以,不要纠结于你是出身富贵抑或是寒窑,不要因一次挫败而萎靡不振……只有自信才能激励我们成功,正如莎士比亚所说:他们永远也无法体会自信者身上散发出的那种光芒。

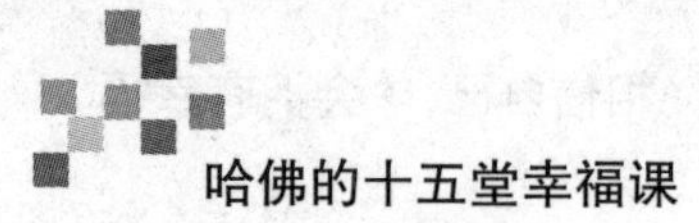

幸福小测试:你对自己有信心吗

下面的问题请一律用“是”或“否”来回答。

1. 一旦你下了决心,即使没有人赞同,你仍然会坚持做到底吗?
2. 参加晚宴时,即使很想上洗手间,你也会忍着直到宴会结束吗?
3. 如果想买性感内衣,你会尽量邮购,而不亲自到店里去吗?
4. 你认为你是个绝佳的情人吗?
5. 如果店员的服务态度不好,你会告诉他们经理吗?
6. 你不常欣赏自己的照片吗?
7. 别人批评你,你会觉得难过吗?
8. 你很少对人说出你真正的意见吗?
9. 对别人的赞美,你持怀疑的态度吗?
10. 你总是觉得自己比别人差吗?
11. 你对自己的外表满意吗?
12. 你认为自己的能力比别人强吗?
13. 在聚会上,只有你一个人穿得不正式,你会感到不自然吗?
14. 你是个受欢迎的人吗?
15. 你认为自己很有魅力吗?
16. 你有幽默感吗?
17. 目前的工作是你的专长吗?
18. 你懂得搭配衣服吗?
19. 危急时,你很冷静吗?
20. 你与别人合作无间吗?
21. 你认为自己只是个寻常人吗?
22. 你经常希望自己长得像某某人吗?
23. 你经常羡慕别人的成就吗?

24. 你会为了不使别人难过，而放弃自己喜欢做的事吗？
25. 你会为了讨好别人而打扮吗？
26. 你勉强自己做许多不愿意做的事吗？
27. 你任由他人来支配你的生活吗？
28. 你认为你的优点比缺点多吗？
29. 你经常跟人说抱歉吗？即使在不是你错的情况下。
30. 如果在非故意的情况下伤了别人的心，你会难过吗？
31. 你希望自己具备更多的才能和天赋吗？
32. 你经常听取别人的意见吗？
33. 在聚会上，你经常等别人先跟你打招呼吗？
34. 你每天照镜子超过三次吗？
35. 你的个性很强吗？
36. 你是个优秀的领导者吗？
37. 你的记性很好吗？
38. 你对异性有吸引力吗？
39. 你懂得理财吗？
40. 买衣服前，你通常先听取别人的意见吗？

评分标准：

回答完问题后，按照选“是”得 1 分，选“否”得 0 分的计算方法，来算出自己的分数。然后参照下面的解析。

结果解析：

11 分以下：

说明你对自己缺乏信心，你过于谦虚和自我压抑，因此经常受人支配。从现在起，尽量不要去想自己的弱点，多关注一下自己好的方面。要先学会看重自己，别人才会真正看重你。

12 – 24 分：

说明你对自己颇有自信，但是你仍或多或少缺乏安全感，因而也有不少时候会对自己产生怀疑。你不妨时常提醒自己,无论从各方面来讲,你都并不输给别人,尽量多强调自己的才能和成就。

25 - 40 分:

说明你对自己信心十足,明白自己的优点,同时也清楚自己的缺点。不过,需要注意的是:如果你的得分十分接近40分的话,可能会给人一种自大狂傲甚至气焰太胜的感觉,所以,你不妨学着在别人面前谦虚一些,这样你的人际关系才会变得更加顺畅。

第九课

你的想法决定你的悲喜

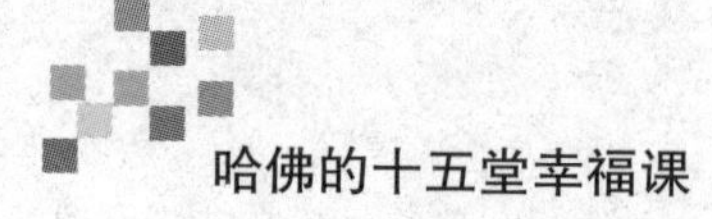

1. 如果你觉得自己不幸，那你就真的不幸

哈佛大学泰勒·本-沙哈尔教授，因为其独到出彩的“幸福课”而享誉国内外。他的“幸福课”犹如一盏明亮的灯塔，照亮了多少在生活中因这样那样的坎坷挫折而迷失了方向的人。在泰勒教授于各个国家演讲的时候，经常会遇到有人问他同样的一个问题：您的“幸福课”能不能帮助我消除掉痛苦？

泰勒教授则会善意地说：关键还是在于您的心态，请告诉我，您为什么总是要以这样的态度来对待痛苦呢？痛苦是我们的人生经验，我们从苦难当中可以学到很多。人生的成长和飞跃，就是经常发生在你觉得非常痛苦的时刻。

在生活中，每个人都会不可避免地遇到诸多不幸，但依然有很多人活得很幸福。事实上，如果一个人总是期盼着无穷无尽的欢乐，最后只会感受到不满，并且最终导致负面情绪的产生，更加认为自己是天底下最不幸的那一个。

一位青年在美国一家公司做得很出色，他也因此对前途充满了信心，并为自己的未来描绘了一幅灿烂的蓝图。

天有不测风云，在某次金融危机的时候，这家公司周转不灵，倒闭了。

青年的雄心壮志受到了空前的打击，原先的希望化为泡影，他对自己的前途一片茫然。他漫无目的地晃荡在大街上，哀叹自己是世界上最不幸最倒霉的人。

正当他垂头丧气地走着的时候，一位中年人拍了拍他的肩——是他的经理。

他说：“你很幸运，小伙子！”

“幸运？”青年人叫道，“公司倒闭，我什么都没有了，这也叫幸运？”

“对，很幸运！”经理重复一遍，接着解释道：“凡是青年时候受挫的人都很幸运，因为你可以学到如何坚强。如果一直很顺利，到了四五十岁忽然受挫，那才是最大的不幸，想要再翻身，可就太难了。”

当你从另一个角度去看待不幸时，发现不幸的背后悄悄隐藏着幸运，你也就会转悲为喜，不会再感到如此的痛苦不堪，也不会再埋怨上帝的不公，陷你于水深火热了。

很多时候，面临天灾人难，我们最常做的便是呼天抢地、痛不欲生，可是，你有没有试过用另一种方式代替你的眼泪？那种方式便是希望。无论遭受到怎样的不幸，只要放宽了心，盛满了殷切的希望，一切皆再不是你想象中的那般走投无路。

第二次世界大战后的德国是一片废墟，美国社会学家波普诺带着一名随从去访问一家住在地下室的居民。

二人离开后，波普诺问："你觉得他们能重建家园吗？"

随从摇摇头："我看很难。"

波普诺也摇了摇头，说的却是："他们一定能！"

随从很惊讶："为什么这么说？"

波普诺笑了："你看到他们在黑暗的地下室的桌子上放着什么了吗？"

"一瓶鲜花。"

"对啊！任何一个民族，处于这样困苦灾难的境地，还没有忘记在桌子上摆放一瓶鲜花，这是种希望的力量，你说，他们怎么不能在废墟上重建家园？"

有鲜花的地方就有希望，一个人在遭遇莫大的痛苦与不幸的时候，只要斗志不落，保持开朗乐观的精神状态，就能尽快走出低谷，更何况是这样一个充满了希望与信心的民族！

积极的态度是快乐的源泉，也是希望降临的曙光，好心态让我们将不快乐的记忆放逐，做到笑对人生。这样的生活定会与幸福相遇。

哈佛幸福笔记：

哈佛大学泰勒·本－沙哈尔教授说："每个人必须经历蹒跚学步才能走出如今优美的步伐，同样，每个人也要经历无数次的失败才能成功。"人的价值将随着我们阅历的增加而增加，但它绝不会因我们的挫折和不幸而贬值。有时我们不可避免地走在了悲哀的路上，我们不妨循着从心底萌生出的一些美好的愿望，寻找自己的春天。

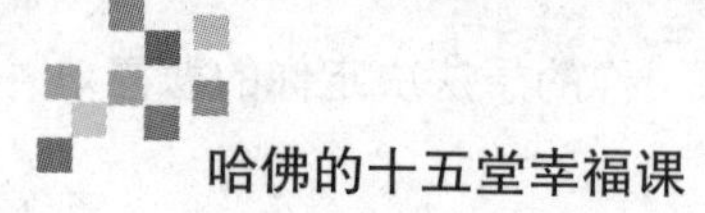

2. 提醒自己:我很快乐

哈佛幸福课中曾讲道:一个幸福的人,会有情绪上的起伏,但整体上却是一直都能够保持一种积极的人生态度。他经常会被积极的情绪推动着,如欢乐和爱,很少被愤怒或内疚所控制。快乐是常态,痛苦都是小插曲。

一个快乐的人,无疑有幸福常伴左右。让我们每天告诉自己:我很快乐。如此反复,有一天你会蓦然发现,先前动不动就窝火的性情有所缓和。有些时候,快乐真的需要提醒,这样才会发现它的存在。

有一个年轻人,拥有一个小农场,刚刚够养活一家人。

每天早上,年轻人都要围着小小的农场跑上三圈,不管收成如何,跑步的时候总带着幸福的微笑,哼着欢快的小曲儿。

邻居们都不明白:收成好的时候是该高兴,闹旱灾了收成不好怎么还是这样快乐?

年轻人不多做解释,一跑就是十多年,等到他人到中年时,他的农场随着自己的努力越来越大,十多年前跑三圈只用十几分钟,而现在,吹着口哨哼着小调再跑上三圈,就需要一个多小时了。

又过了十几年,他老了,有时走路都离不开拐杖,而这时他的农场是镇上最大的农场了,虽然已经迈不动步子,但时不时的,他还是会绕着它走上三圈,看看农场里的作物,乐得眯起了眼睛。

小孙子问他,为什么围着农场走的时候这么开心?

他终于对小孙子道出了原委:"年轻时,农场还很小,刚好满足家里的温饱,但是我每天都很满足,一想到这个小小的农场给了我们一家人口粮,我就很开心。现在农场大了,生活好了,更应该高兴啦!不管收成好坏,都时刻提醒着自己:要快乐地生活,因为你快乐了,农场才有扩大起来的希望呀!"

我们应该以一颗阳光的心来对待生活中的点点滴滴,既来世上走一遭,就该好好享受生活，笑对生活给予我们的一切忧伤甚至是苦难，不要让你的苦恼积淀下来，成为深深的抑郁。日子既有阴雨，也必然会有阳光，回忆过去，记得的永远都是美好的一面，那么，以后的旅程怎还会有阴霾相随？

德罗西是个典型的乐天派，他每天都生活在嘻嘻哈哈的快乐之中，跟他在一起时间长了，周围的人都会为之感染，再多的苦恼也会在他的逗乐当中烟消云散。

德罗西有一套自己的人生哲学，他相信，无论在任何时候，生活总会给你两种选择，你过得好坏完全取决于你自己是怎么想的。

他说："每天早晨我醒来的时候，我都对自己说，我今天有两个选择，是选择好心情还是坏心情；当有坏事发生的时候，我又告诉自己，是选择发火还是一笑而过。生活永远都由两个选择构成，你必须要选好的那一个，还要时刻提醒自己：我选的是好的，我要快乐，我要快乐……"

泥土与繁星，只是一念之差。无论你今天怎么用力摇树，明天的落叶依然会飘下来。世上有很多事无法预知，但你每天让自己生活得开心快乐，才是最健康的人生态度。快乐需要提醒，幸福有时也需要被告知。

哈佛幸福笔记：

泰勒教授曾经在《时尚健康》的杂志上引导的一个冥想主题是："与你心中最快乐的那个孩子对话。"他说："我也有不快乐的时候，因为我们是人。"是的，无论谁的人生道路都不会顺风顺水，都掺杂了烦恼与悲伤，但我们要看到积极的一面，生活才会一路花开，香飘满园。

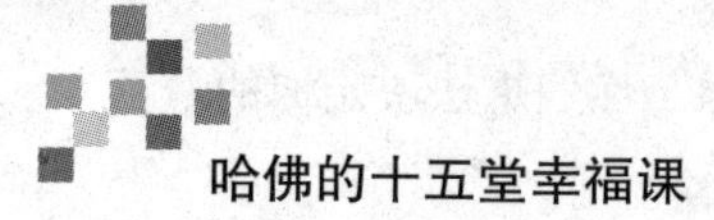

3. 通过想象，创建美好的现实

在很多时候，我们总是被自己的阴暗情绪所包裹，如果你一直不尝试着让自己走出抑郁的境地，而让自己永远蜷缩在这个看不见阳光的角落，那么你永远也看不到前方充满希望的明媚阳光。管它繁星似雪，还是月光如霜，这般大好美景，你都无缘得见。如此，为什么不给自己多一些假设呢？也许这些假设真的能够让你走出人生的困窘呢。

有个叫弗雷德的人，整天意志消沉，时常感到生活了无生趣，因此，他经常避不见人，他想通过这种方式来驱散这种晦暗的心情。

有一天，他被告知必须要参加一个重要会议，无法推辞，于是他不得不装出一副快乐的表情去参加。

在会议上，弗雷德将自己的悲观情绪收敛起来，竭力以一副笑容可掬的面貌出现在会上，为了不让人察觉到自己的低沉心理，他还主动与人谈笑风生。

会议过后，他惊奇地发现，在这场会议中，他竟然自始至终都没有任何不良情绪出现，而且似乎自己真的不曾抑郁过。

此后，每当他再遇到自己情绪低落的事情时，他都会努力让自己表现得很快乐，后来他就再也没有出现过抑郁的状况。

心理学有这样一项重要原理：装作体验某种心情，往往就能真的获得这种感受。

快乐的力量是伟大的，伟大到可以改变命运，呼唤来幸福。于是，心理学家建议我们在不快乐的时候，不妨通过想象告诉自己：其实很快乐。只有这样做，才有可能改变自己的心境。

比如在我们心情糟糕时，我们可以闭目冥想一些美好的事物和景象，不断暗示自己：没什么大不了的，我还是很快乐嘛！或许这种方法会被视为“自欺欺人”，但若幸福可以因之获得，谁说这不是一种智慧呢？

据说，在克里姆林宫里有位老清洁工，她每天都在尽职尽责地打扫宫内的卫生。这样的生活日复一日年复一年，她不但没有感到乏味，而且还很快乐——满脸微笑着去扫落叶，高高兴兴地清理墙内的垃圾，开开心心地擦去院墙上的灰尘……

有人问她：这个工作为什么能让您这么快乐？

她自豪地回答："我的工作跟叶利钦的工作差不多，只不过他是在收拾俄罗斯，而我是在收拾克里姆林宫！"

她轻松自然的回答让问的人深深地震惊了——还有这样比喻的？

在她看来，一国之君也好，一介草民也罢，都只是在做各自的分内事罢了。从世俗角度来说，这真是一种实实在在的自欺欺人了——清洁工怎么可能跟总统相提并论！然而这位可爱的清洁工的假设却是那么美好，让人心里刹那间就安宁了，快乐的感觉唾手可得。

所谓的痛苦，有许多都是由假设与想象得来，假设不幸福、想象着会失败……同样地，我们也可以通过这种想象的方式来寻找快乐，假设我们很幸福，想象我们很成功……

在平淡的日子里，我们需要假设幸福；而在困境时，假设幸福就更显得无比珍贵了。

哈佛幸福笔记：

实用心理学权威威廉·詹姆斯曾经告诉我们："如果你感到不快乐，那么唯一能找到快乐的方法，就是振奋精神，使行动和言辞好像已经感觉到快乐的样子。"

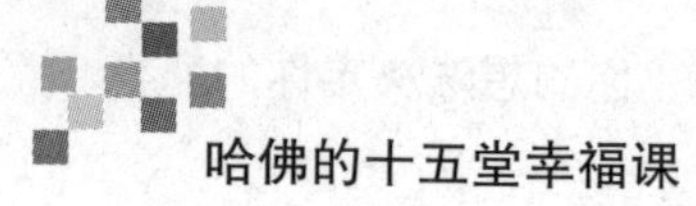

4. 别让你的快乐贬值

早在2000多年前，雅典的政治家伯里克利斯就向世人发出这样的警告："亲爱的伙伴们，我们太过于纠结于小事了！"

后来，法国作家莫鲁瓦同样深刻地说出了这样一席话："我们常常为一些微不足道的小事失去理智，掐指算算，我们活在这个世界上也就几十个年头，但是我们却为了纠缠那些无聊琐事，而白白浪费了太多的宝贵时光。"显而易见，倘若我们过分为一些琐事所困扰，生活将会失去多少绚烂的色彩。

在生活中，急促的生活节奏使我们绷紧了神经，我们常被情绪牵着鼻子走，遇事便小题大作，管它轻重缓急，长时间耿耿于怀。可是你有没有想过：一个人看待事情的眼光，大大影响着他的得失。别因小事的不顺，就让本属于自己的快乐不经意间打了个折扣。

一位女士开车来到小城加油站，无意间驶到人工服务的加油泵前。当时她并未意识到享受人工服务需要加收服务费，付款时才发现每加仑油要多花50美分，于是心里特别不痛快。

丈夫得知此事后，很快就计算出来，加油站多收了他们7美元。如果妻子在自助泵加油的话，花同样的钱可以让汽车多行驶12英里。他非常恼火地说："额外收取人工服务费简直如同抢劫！"

就因为这点小事，夫妻俩郁闷了一整天。

家里老人知道事情的原委后，微笑着对愤懑不已的小两口说："真是两个傻孩子！知道吗？仅仅7美元，就买走了你们一天的快乐！"一番话犹如醍醐灌顶，让夫妻俩茅塞顿开。

丈夫感叹道："我们压根没意识到我们的快乐竟如此廉价。倘若我们还不立即停止生气的话，我们的快乐还将继续贬值下去！"

的确，每个人都有生气的时候，当你在为某件事情心绪难平、愤懑不已的时候，不妨留出一刻钟让自己想一想,这件事究竟值不值得你生气,你的所求是什么?

一天,一位父亲在教他五岁的儿子如何使用剪草机。

父亲教得仔细,乖巧的儿子学得很认真。正当父子俩干得起劲的时候,电话铃响了,父亲便进屋去接电话。

小儿子就学着爸爸的样子开始自己剪草。

一不留神,孩子把剪草机推上了爸爸最心爱的郁金香花圃,可怜的幼苗破损了一片。

孩子当场傻眼了,正在这时父亲出来了,看到满目狼藉的花园,脸都气绿了,不由分说便扬起了巴掌。

恰巧经过的太太刚好看到这一幕,她温柔地对丈夫说:"喂,亲爱的,我们现在最大的幸福是养孩子,而不是郁金香。"

父亲听了,怒火顿消。

在自己的火气将要难以遏制的时候,我们不妨扪心自问一句:我是为了生气才种花的吗?我是为了烦恼才上班的吗?我是为了吵架才交朋友的吗?……如此这般,便不会再纠结于这些无谓的闲气了。

生活的智慧就在于,无论发生了什么使你一时怒意难消,你依然能清楚地明白自己最想要的、最该珍惜的是什么,是一盆花、一个花园,还是一种快乐、一份情感。如此,你才能抓住生命里最重要的东西,而不是为了生活的细枝末节愁眉苦脸。如此,你的人生才会变得清新开朗,快乐幸福,充实富足。

哈佛幸福笔记:

泰勒从来不觉得自己有资格摆出一副先知的姿态来教导人们,但他想邀请尽可能多的人一起加入对快乐的追寻。他说:"也许我在课上传达的道理,你以后都会懂,但我不希望你到七老八十了,才恍然顿悟什么对自己最重要,却已经没有机会去弥补了。如果你在年轻时就明白这些道理,也许一切会好得多。"人生短暂,为何偏要分"生气"一杯羹?

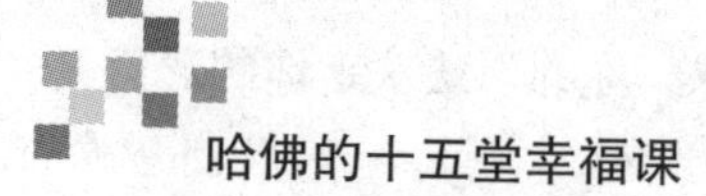

5. 不能改变环境，但可以选择心情

叔本华说：“人们不受事物影响，却受到对事物看法的影响。”世上没有糟糕的事情，只有糟糕的心情。

我们每次在面临不愉快、面临困境时，习惯于用抱怨来发泄对现实的不满：抱怨自己时运不济，抱怨周围的环境是多么糟糕，抱怨他人吝于伸出援手……太多的抱怨紧紧地将我们的心灵束缚住，使之失去了呼吸新鲜空气的自由。

其实，一切的不如意都源于我们的心态。不能改变环境，那就改变自己好了，就像你不能让外面下得正欢的雨倏然停止，那就带上伞出门；或者发现前面的路因为维修而不通了，那就绕道走，这又有什么关系呢？

美国著名的成功学大师拿破仑·希尔，在他还是个孩子的时候，有次和几个朋友在阁楼上玩。当他从阁楼上爬下来往下跳的时候，左手上的戒指被一根钉子勾住，连他的整根手指都被拉脱了下来。

他又哭又喊，吓坏了，真怕自己会这样死掉。可是在他的手好了之后就再也没有为此烦恼过——烦恼又有什么用呢？这是个不可避免的事实，关键在于自己怎么看它了——事实上，他也根本不会有意去想。

有一次，拿破仑·希尔遇到一个在办公大楼开货梯的人，他注意到这个人没有左手。拿破仑·希尔便问他少了这只手会不会难过。他说：“哦，平时我根本不会注意到它，只有在穿针的时候才会想起这件事情来。再说，事情已经发生了，还老惦记着做什么？”

如果痛苦是一捧盐，我们用来盛的容器——水杯、盆、池塘抑或是河流，决定了痛苦带给我们的感觉是浓还是淡。

人之所以会产生不良情绪，很多时候是因为我们把问题扩大化了。比如，当你听说一次本该到手的晋升机会被一个同事抢走时，你会大动肝火、暴跳如雷，火气消下去之后又悲观失落，觉得一生都没指望了。但实际上，你何必又何苦如此？你失去的仅仅是一次小小的晋升机会而已，你要知道，当造物主为你关上一扇门时，又悄悄为你打开了很多扇窗户。失了这次晋升，只要你愿意，一定还有更广阔的发展空间。

若想改变事情的结果,首先要从改变自己的心情下手。你不能决定生命的长度,但可以拓展它的宽度;你不能改变自己的容颜,但可以美化自己的心灵;你不能控制四季的变换,却可以改变人情的冷暖。

成功学家陈安之在参加一次对话节目时,有一位同学问他:“陈老师,为什么天气会影响我的心情?”

陈安之说:“其实不是天气原因,而是你自己的心理因素在作怪。”说着,便讲了一个发生在他身边的真实故事:

我以前在美国演讲,有一个同事当天回到他住的地方。他说:“太棒了!”我问他发生了什么事?他说今天出车祸了。

“出车祸你高兴什么?”

“幸亏只撞到车,没有撞到人。”

“那要撞到人怎么办?”

“幸好只撞到人,没有撞死人。”

“如果撞死人怎么办?”

“幸好只撞死一个,没有整车都死。”

……

要知道,在这个世界上再不好的事情也有其好的一面。

有句诗这样说:“我是命运的主人,我主宰自己的心灵。”我们拿着命运的指挥棒,悲喜剧全在我们的掌握之中。如果你认为这件事太糟糕了,那么无疑,它真是糟糕透顶;如果你觉得它好极了,那么恭喜你,它真的是再好不过了。

哈佛幸福笔记:

泰勒教授说:“幸福本就是一种可以后天学习的技巧。”有时候,当我们确实处于恶劣的客观环境中,对现状无力又无望时,何不将沉重的心灵负荷撂下,换一颗乐观阳光的心,勇敢地将它接纳?当原先的不满甚至愤恨变成顺其自然的怡然豁达时,幸福离我们还会远吗?

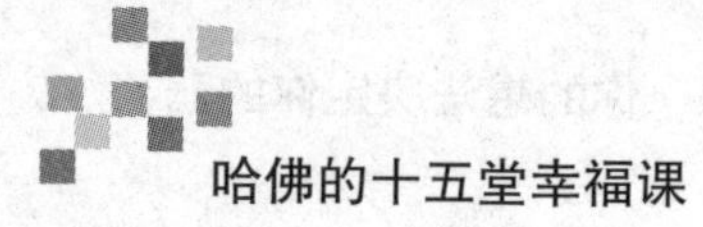

幸福小测试:你是乐观的人吗

请用“是”或“否”来回答以下各题。

1. 如果半夜里听到有人敲门,你会认为那是坏消息,或有麻烦发生了吗?

2. 你随身带着安全别针或一条绳子,以防衣服或别的东西裂开了吗?

3. 出门的时候,你经常带着一把伞吗?

4. 你把收入的大部分用来买保险吗?

5. 度假时,把家门钥匙托朋友或邻居保管前,你会将贵重物品事先锁起来吗?

6. 如果有重要的约会,你会提早出门,以防塞车、抛锚或别的状况发生吗?

7. 如果医生叫你做一次身体检查,你会怀疑自己有病吗?

8. 上飞机前,你会买旅行保险吗?

9. 你跟人打过赌吗?

10. 你曾梦想过赢了彩票或继承一笔大遗产吗?

11. 度假时,你曾经没预定旅馆就出门了吗?

12. 你觉得大部分的人都很诚实吗?

13. 对于新的计划,你总是非常热衷吗?

14. 当朋友表示一定奉还时,你会答应借钱给他吗?

15. 大家计划去野餐或烤肉时,如果下雨,你仍会照原定计划准备吗?

16. 在一般情况下,你信任别人吗?

17. 每天早晨起床时,你会期待又是美好一天的开始吗?

18. 收到意外的来函或包裹时,你会特别开心吗?

19. 你会随心所欲地花钱,等花完以后再发愁吗?

20. 你对未来的十二个月充满希望吗?

评分标准:

1—8 题: 选“是”得 0 分,选“否”得 1 分。

9—20 题:选“是”得 1 分,选“否”得 0 分。

测评解析：

0—7 分：

你是个标准的悲观主义者，看人生总是看到不好的那一面。身为悲观者，唯一的好处是，你从来不往好处想，所以你也就很少失望。然而，以悲观的态度面对人生，却有太多的不利。你随时会担心失败，因此宁愿不去尝试新的事物，尤其当遇到困难时，你的悲观会让你觉得人生更灰暗、更无法接受。悲观会使人产生沮丧、困惑、恐惧、气愤和挫折的心理。解决这种状况的唯一办法，是以积极的态度来面对每一件事或每一个人，即使你偶尔仍会感到失望，但逐渐地，你会对人生增加信心，胜过原来消极态度带给你的影响。

8—14 分：

你对人生的态度比较平和，不过，仍然可以再进一步，学会怎样以积极和乐观的态度来应付人生中无法避免的起伏情况。

15—20 分：

你是个标准的乐观主义者，你看人生总是看到好的那一面，将失望和困难摆到旁边去。乐观，使人活得更有劲。不过，要记住，有时候过分乐观也会使你对事情掉以轻心，结果反而误事。

第十课

幸福源自正确地比较

1.为什么我们总觉得幸福都在别人那里

生活中,我们总是羡慕别人,仰望别人的一身荣光,哀叹自己怎么只能周旋在这样的境况之中。仿佛别人总是被幸福笼罩着,而自己却被一连串的烦恼与忧愁禁锢得死死的。难道真的是这样吗?幸福就真的没有在你的生命里画出哪怕一条弧线吗?

泰勒·本-沙哈尔教授说:"生活展露在你面前的幸福枝丫,往往被你如此轻易错过,因为你一直在艳羡于他处的风景,而忘记欣赏眼前景色的美好。"

可不是吗?生活中这样的事例数之不尽:工作的羡慕上学的没有生存压力;上学的羡慕工作的没有作业;处于中年的总是羡慕年轻的青春年少,感叹韶华易逝;而年轻的羡慕年长的成熟稳重,埋怨自己怎么不快快长大;当官的羡慕小职员的自由自在;老百姓羡慕公务员的铁饭碗……

这就是人的心理,跑掉的鱼总是最大的,得不到的总是最好的,虽然我们常常跟着世界呼喊要珍惜自己拥有的,但人心的阴暗面还是很难避免。其结果是,有烦恼的依旧难消烦恼,不幸福的仍然难得幸福。

一个青年因为自己没有别人那样惹人钦羡的好生活,一直很郁闷,有天他去问苏格拉底:"世界上最宝贵的是什么?"

苏格拉底没有正面回答,而是领着他走访了许多人。

一路过来,青年发现:拥有权力的人渴望得到友情,身陷囹圄的人渴望得到自由,精神压抑的人渴望得到快乐……

虽然人们的回答差异很大,但有一点却是相同的——人们心中那些最宝贵的,都是已经失去或者尚未得到的东西。

苏格拉底望着青年,说道:"孩子,我们身上有许多东西其实在别人看来都是十分宝贵的。只是我们自己拥有的时候浑然不觉,而一旦失去,才会意识到它的宝贵。"

我们都不缺少幸福，缺少的是发现幸福的眼睛。每个人在心里都有一座属于自己的幸福花园，只是我们总是眺望邻居家花园里玫瑰的妖艳，而忽略了自己园子里蝴蝶兰的优雅。幸福，永远不是靠羡慕别人来获得。

幸福真的都聚集到别人那里了吗？产生这种心理的人，往往欲壑难填。总有些东西是别人拥有而自己不拥有的，因此，我们为心底强烈的欲望所驱使，去汲汲索取。只是我们忘了，我们身上同样拥有别人没有的东西。

看别人的生活时，我们总喜欢放大他们的幸福，忽略他们的不幸，所以别人的生活怎么看怎么幸福；而在看待自己的生活时，我们总喜欢将自己的幸福缩小，烦恼倒悄悄扩大，所以我们对自己的生活横挑鼻子竖挑眼，怎么看怎么烦。

在一次关于“职业幸福”的社会调查中，各行各业纷纷叫苦连天：

一位搞房地产生意的先生，有数百万的资产，谈及幸福感，他却摇头叹息道：“房地产这个职业竞争激烈，风险巨大，今天腰缠万贯，也许明天一觉醒来就成了穷光蛋。还是小职员好，稳定，没那么多烦心事。”

金融机构是令多少人垂涎的职业，工作轻松体面，薪水不菲。谁料一位女士接上这个话茬就抱怨起来：“有什么好？每天都像坐牢似的蹲在铁笼子里。精神时时处于高度紧张状态，唯恐出现什么差池，跟钱有关的差池谁都担当不起呀！”

老百姓眼中的“父母官”多风光，而一位在某机关刚过而立之年的副局长在谈及“职业幸福”时却是满腹牢骚：“官大一级压死人，什么工作都得请示汇报，自己根本作不了主。在官场打滚，不得不学会察言观色，更恼火的是每天都有没完没了的应酬，头儿让你喝你不得不喝，就算明天进医院，今天这酒还是得喝。累呀！想想还不如做一个普通老百姓。”

最后，采访者问这些受访者们教师这一职业怎么样，他们一致连声大加赞赏，说光是一年的几个长假就让人羡慕，平常自由自在，业余生活又丰富。工作既做出了业绩，又培养教育了下一代，何乐而不为！

而被采访的教师在听到这一评价后惊呆了——当老师操心又费力，现在孩子叛逆得很，不好管，这样的职业还叫好？……

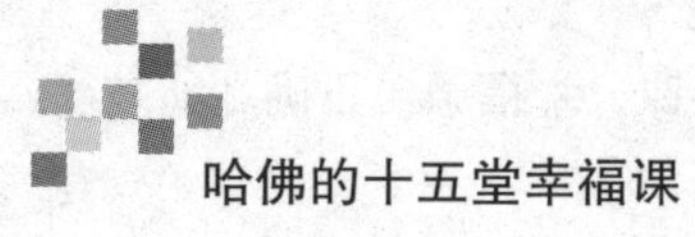

……

说来说去,得出的结论是:我们都在抱怨自己的工作,而羡慕别人的职业。所谓的幸福,都在别人那里!

我们总在仰望和羡慕着别人的幸福,一回头,却发现自己正被别人仰望和羡慕着。其实每个人都是幸福的,只是你的幸福常常在别人眼里。有的人本来很幸福,看起来却很烦恼;有的人本来该烦恼,看起来却很幸福。人生的烦恼是自找的,不是烦恼离不开你,而是你撇不下它。

换种心态,换个角度,我们将找到属于自己的幸福,珍惜幸福,读懂幸福,我们将获得一个幸福的人生。

哈佛幸福笔记:

托尔斯泰说过:幸福的人儿看似都一样,不幸的人各自有各自的不幸……其实每个人都一样,只是我们总爱把自己的不幸放大,把别人的幸福放大,我们仰望别人的幸福,总以为只有自己与不幸为伍,其实别人何尝不是这样看着我们?

2. 向上比，向下比

人向高处走，水往低处流。这句千百年来雷打不动的“警世箴言”时刻提醒着我们：做人做事要往高处爬，向上看，看看人家比比咱，生活才有奔头。然而现实却是，很多人承受不住自我施加的压力而崩溃了。

为什么会这样呢？不是说越比越有干劲，越比越有斗志吗？其实不然，生活就是生活，我们置身于其中，人间冷暖、酸甜苦辣尽在自知。一味地向上比较，很容易就会使我们丧失信心，迷失自我，越比越生气，大多有“跳楼”之念；而若纯粹地向下比较，又会使我们安于现状，不思进取，终日扬扬自得，活在自己虚构的美好幻境之中。

一味向上比也不行，老是往下比也不妥，这可如何是好？其实正确的方法便是：向上比与向下比灵活结合，比上知不足，而后生卧薪尝胆之志，下决心超越；比下知有余，对物质需求就心满意足，不再有欲望贪念。

生活向下比，工作向上比。喜欢比较是做人的常态，善于比较是做人的智慧。比较的目的在于寻求自己的满足和不足，而不是来生气的。生活向下比，人容易得到满足；工作向上比，自然可以找到不足，把工作做得更加出色。

古罗马有个叫提图斯的人，经历了年轻时的贫困，享受着年老时的富足，但却活了一辈子乐呵了一辈子。

有一回他带着小孙子去市集，一路哼着小调，好不快活。

小孙子终于按捺不住好奇，道出了许久以来的困惑：“阿公，您为什么天天这么高兴啊？”

老提图斯摸了摸孙儿的小脑瓜，笑眯眯地说：“因为我是个大农场主啊！有那么大的房子与成片的土地，你看许多人还都吃不上饭呢，难道这不是很幸福的一件事吗？”

“可是爸爸说，您年轻的时候很穷啊！”

老提图斯哈哈大笑：“对，我年轻时是穷极了，但是一看到隔壁家的大院子

我也很高兴啊！我就知道，早晚有一天我也会有这样一座大房子！这样想着，就又高兴啦！”

善于比较、懂得比较的人，无疑是生活智者，他清楚地知道：比较是一门有技巧的学问，既不能被别人比下去，也不能把自己比下来。

很多人从来没有想过自己现在所处的风景是多么的美丽，却只是一味地埋怨。当你觉得超市里的冻肉不新鲜的时候，想想那些还在温饱线上苦苦挣扎的人们；当你觉得家里客厅的吊灯不是你喜欢的格调的时候，想想那些聚集在油灯下念书的山区孩子们；当你觉得自己的衣服不是名牌的时候，想想那些买不起时尚品牌只能去地摊上讨价还价的人们……

这样想来，我们还有什么可以埋怨的呢？痛苦的时候，多想想别人是怎样度过艰辛岁月的，或许就不觉得那么苦了；为了一点小小成绩就沾沾自喜的时候，多想想那些与自己一同起步但现在更有成就的人，告诉自己不要自满，前面的路还要继续拼搏……永远请记住：痛苦就住在快乐的隔壁，一门之隔就会有不同的风景，而这扇门，源自于你自己恰当的比较。

哈佛幸福笔记：

泰勒说：“我认为幸福才是至高的财富，是人类追求的终极目标，而金钱绝非是用来衡量生命的标准……幸福的秘诀就在于你掌握了积极的心理力量。”所谓积极的心理力量，无疑就是令我们感到幸福的东西。不时地向上比比，也经常向下比比，不贪不骄，才是真幸福。

3. 一味攀比，越比越累

伊利诺伊大学心理学教授艾德·迪纳尔说：“如果我们能逐渐降低我们的愿望、期待，我们便更容易得到满足——即使是在衰退的经济环境中。”

据调查显示，觉得累的人比例高达97%。不管男人还是女人，当官的还是老百姓，有钱的还是没钱的，朋友一见面都会抱怨几句，“活得太累”几乎成了这个时代的口头禅。

倘若用心寻找一下“累”的原因，顺藤摸瓜无非也就是：太看重位子，总想着票子，倒腾着房子，放不下架子，抹不开面子……在我们“累”得疲惫不堪的时候，还在想着什么时候能再涨些工资，你看人家老王都翻一番了；“累”得昏天暗地的时候，脑子里依然塞满的是：做完这个项目，就能换辆新车了……

一味地攀比和心理不平衡，不仅会陷入因为比较而产生的落差所带来的痛苦中，甚至还会葬送掉原来的幸福。

法国作家莫泊桑的小说《项链》中的马蒂尔德，因为生活拮据，不能像别人那样风光大方，一直对现有的生活状况不满意。

当她有机会参加贵族舞会，便无法抑制冲动的心情。为了不逊色于贵族夫人拥有的华贵，她向好朋友借了条金光闪闪的钻石项链来增添自己的高贵。

如她所愿，她的光鲜与靓丽成了舞会的焦点，虚荣心得到了极大的满足。

然而，舞会过后，她突然发现把朋友的项链弄丢了。故事的结果是：她用了十年的宝贵青春换取了一条项链！

后来朋友知晓此事，意外地告诉她：那条钻石项链是假的……

为了一次成功的攀比，付出了十年的辛苦，这种攀比心理硬生生破坏了他们原本不是很富足但很平静的生活。任谁想，都会感到无比痛心，为马蒂尔德感到不值，但是就在我们生活中，谁又能做到不攀比，安然本分地活在当下，享受属于自己的平凡生活呢？

现在私家车越来越多，档次也随之不断提高，一位刚买车的先生说出了心里话：

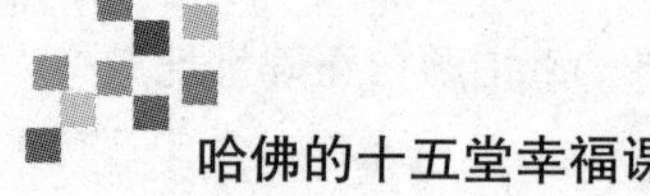

我之前坚持不买车，主要是不想跟人攀比。家离单位不远，我平时上下班都是步行，走在宽阔的马路上，两边是错落有致的行道树，聆听啾啾鸟鸣，一路上伸伸胳膊踢踢腿，活动活动筋骨，任思绪驰骋……在我看来，这是一种很惬意的生活方式。

但是一次次的同学聚会，散场后，人家开车一冒烟都走了，就我还站在马路上找车，寒碜。人活一张脸，这攀比心理一出来就很难再把它压下去，买车更多还是为了面子。其实，在人面前显摆一下也就完了，自己的累与无奈只有自己心里清楚……

很多时候，我们都是被自己的虚荣心指使着，跟人家一味地攀比：比房子、比车子、比地位、比待遇……因为攀比，想着给自己争面子，我们忽略了生活中的很多乐趣。年轻时不在意自己的身体，不愿把时间花在家人身上，想方设法结交有头有脸的人物做朋友。等到走下坡路时，才恍然悟出，原来身体健康才是最大的福分，家人的关爱是你心灵永远的港湾，平淡真诚的友情才是最靠得住的……

有位商场精英说："这年头就是比吃穿、比工资、比条件、比背景……就是不比文明、不比素质、不比修养。其实说到底，表面的风光都是浮云，心里却累得一塌糊涂。"

真是越比越累，何苦又何必？当你觉得心理不平衡的时候，就看看自己拥有的，不要将太多的时间与心力花费在羡慕与眺望别人手心里的东西，管它是真金白银还是名利权位，这些都与你无关。知足常乐，放下攀比，降低幸福的门槛，迎幸福进来。

哈佛幸福笔记：

泰勒·本-沙哈尔教授坚定地认为："幸福感是衡量人生的唯一标准，是所有目标的最终目标。人们衡量商业成就时，标准是钱。用钱去评估资产和债务、利润和亏损，所有与钱无关的都不会被考虑进去，金钱是最高的财富。但是我认为，人生与商业一样，也有盈利和亏损。"不要被所谓的攀比迷住了寻找幸福的眼睛，幸福生活经不起莫名的比较。

4. 不妨和自己的过去比

哈佛学生对"幸福课"的追捧不难理解，或者可以这样说，处于"幸福课"之中的他们，更需要幸福。哈佛的学生无一例外都是全美乃至全世界最优秀的人，他们也在时时刻刻提醒着自己：凡事要做到最好，千万不能落后于身边的人……凡此种种，早已成了他们心中根深蒂固的观念。

泰勒教授在世界各地的巡回演讲中，提到鼓励听众的例子时，不是拿莎士比亚这样的大哲学家，也不是盖茨之类的富人，他提到的，是美国黑人女主持奥普拉·温弗瑞。

奥普拉作为美国电台节目主持，无疑是一个成功的女强人形象。她的"脱口秀"节目平均每周吸引3300万名观众，2009年的《福布斯》世界前100名富翁排行榜上，在美国黑人亿万富翁中，奥普拉名列第一位。

然而，有谁能知道她各种荣耀与光环的背后，成长经历是多么艰辛困苦。

奥普拉出生在密西西比郊区，从小居住的环境是一间没水没电的平房。在这里，她度过了贫穷、种族歧视的童年，没有父母的关爱，她自己摸索着成长。她吸过毒，堕过胎，甚至还生下过一名女婴，但却没存活多久就夭折了。后来好不容易坚持到大学毕业，她拼命争取到一份电台新闻主持的工作，却因"头发蓬松、双眼太分、鼻子太扁、嘴唇太厚"的相貌，更无法在新闻报道保持客观和冷静的态度，没多久便被炒掉了。

直到30岁，她将事业的方向转向访谈节目，在这里，她找到了人生的突破口，对这份工作的热爱与珍惜，使她有了如今的成就。

过去不等于未来，鸡窝里也能飞出凤凰。人的普遍心理就是，不愿意在比自己优越的人面前敞开心扉，害怕自己不如别人。奥普拉直接、坦诚、有个性，不怕将自己不堪的过往展现给大家看，拿着自己的过去来跟观众分享，用这种方式告诉大家：不必跟比你成功的人攀比，学着跟过去的自己比比，你会发现，

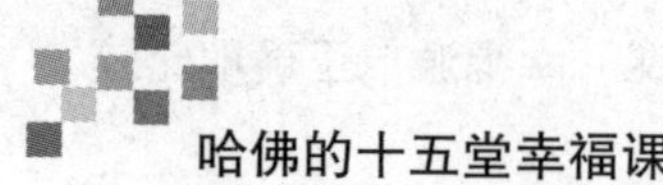

现在要比那时候幸福得多了，以前不敢想、不敢奢望的东西，而今已然握在手心，还有什么事情比这更令人愉快吗？

生活上要纵向比，不要横向比，要自己和自己比，现在和过去比。这样，精神才会愉快，生活才会幸福。海明威曾经说过："优于别人，并不高贵，真正的高贵应该是优于过去的自己。"人生没有什么输赢，人生也不应该与人盲目比较，硬要说一个输赢的话，这个"输赢"在于自己。

凯罗尔在悉尼东区一家有名的企业工作，工作很轻松，收入不菲，但凯罗尔依然觉得很憋屈。他在这家公司五年了，才当上一个小主管，而比他来得晚、曾经居他之下的同事现在有的都坐上经理的位子了。

苦于憋闷，凯罗尔决定找个心理医生谈谈。

医生认真听完了他的诉说，并没有直接分析事情因果，而是请他说说以往的经历。

这下，凯罗尔有话说了，从中学辍学，到后来外出打工，再到以后的下海创业……

"刚来澳洲时，我在一家黎巴嫩人的超市做理货。有次老板要我去拔草，就在太阳底下，老板坐在边上看。干完了也没多说什么，只给了我一瓶水，我当时感觉自己很卑微，像个乞丐一样。

"后来我换了另一份工作，在 Alexandria 的停车场洗车，老板娘很苛刻，总是不断地催，不停地骂，一天到晚手脚不停，累得要死，回到家里只想躺着不动，感觉自己真的受够那样的日子了……"

"那你现在呢？"医生问。

"现在？现在比过去好多了！虽然是一个小小的主管，但起码不累，有什么事情交给下属就好了，也没有上级那样大的压力。有时候我还能自己写写诗歌，带孩子出门旅旅游……"

他突然停下不说了，医生微笑着点了点头。

别人能有今天的成功、财富和幸福，也是个人努力奋斗拼搏的结果。我们不能只看到人家压弯枝头的累累硕果，而不看当时种子孕育成长的漫长艰辛。正如冰心说的："成功的花，人们只惊慕她现时的明艳！然而当初她的芽儿，浸透了奋斗的泪泉，洒遍了牺牲的血雨。"

盲目地相互攀比，就如不在同一起跑线上的赛跑，只能自寻烦恼。有这个工夫，还不如自己与自己比比，拿着现在比过去，心里马上就会舒服很多。

笑看落花，淡定从容。日子匆匆过，岁月慢慢流，看到昨天生活的举步维艰，更加明白今天的幸福来之不易，用一颗平静温和的心，去迎接美好的明天！

哈佛幸福笔记：

乐嘉说："对比是痛苦的源泉。但你无法抑制自己总要对比，解决的唯一方式是不要和别人比，而是和自己的过去比；不要横向比，而是纵向比。你已比过去好了十倍，突然发现有人比你现在还好，你的快乐突然就没了。其实，你管别人做甚，记住，你只要拿到你要拿到的就好。"全然地爱自己，较之过去，坦然惜今，才会幸福。

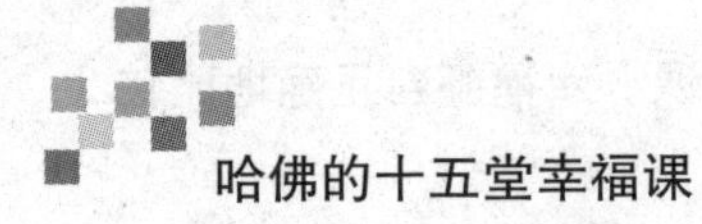

5. 被虚荣心葬送的幸福

英国哲学家培根说过:“虚荣的人被智者所轻视,愚者所倾服,阿谀者所崇拜,而为自己的虚荣所奴役。”

然而,我们的一生都在与虚荣心打交道,假设我们能活到90岁,那我们90年来都在比较与被比较中度过了:最初的30年,努力学习,比的是成绩和学历;中间的30年,辛勤工作,比的是金钱和地位;最后的30年,颐养天年,比的是儿女和寿命。每个阶段,我们都希望自己是周围人群中的佼佼者,不管你承不承认,我们所做的一切都是为了满足我们的虚荣心,或者美其名曰“成就感”。

周末,鲍勃和妻子琼斯说好了一起去野外郊游。

琼斯翻遍了衣橱,找不到一件相中的衣服,不由嘟囔着:“跟你这么多年了,连件像样的衣服都没有,你看马斯洛太太,天天穿不同的衣服。她说马斯洛先生每周都为她买新衣服。”鲍勃沉默不语。

穿戴整齐,来到车子旁,琼斯的眉头又是一皱:“哎,看着这辆破车就来气。都开了几年了,人家和你一起买车的都换好几辆了!”鲍勃眉头紧皱。

刚坐上车子,手机响了,正是马斯洛太太邀她:“我先生刚刚购置一处别墅,你有时间过来看看吗?”琼斯伤心至极,没有挂掉电话就泪眼模糊地对鲍勃说:“你听见了吗? 又买别墅了,不知道你什么时候也能买上别墅?”

她的话音未落,鲍勃哐的一声打开车门,头也不回走了。

克雷洛夫告诫我们:“虚荣像春天的花朵一样,一阵风就把它毁了。”虽然虚荣心可能使你得到一时的满足,填补一下内心的空虚,但它像沉重的包袱一样,时刻背在身上,时刻使你担心失去这个包袱,过着提心吊胆、诚惶诚恐的日子。

珍妮弗出生在美国印第安纳州的乡下郊区,自小家境贫寒。

凭着坚持不懈的努力,珍妮弗考上了大学。家境贫寒的她,在看到大学里面的同学各个衣帽光鲜新潮时尚时，更加觉得自己低下卑微。

为了不被人看不起，她也开始追求时髦，不惜借钱购买高档衣服，还借钱买了项链、戒指来炫耀自己。

周围人羡慕地夸她有钱，她只说是爸爸妈妈帮她买的、朋友送的。

直到有一天，宿舍门口堵满了要债的人，周围的人才明白过来是怎么回事儿。

从此，大家都躲着她走，她也为此更加的羞愧失落了……

虚荣心是一种被扭曲了的自尊心，是自尊心的过分表现，是一种追求虚表的心理缺陷。虚荣的人，竭力追慕浮华，以掩饰这种缺陷，实际内心早已痛苦不堪。一直活在这样的处境中，不仅没得到期望的幸福，连同当初最简单纯真的快乐也一同被毁灭了，岂不可悲？

所以，从现在开始，让我们跨越虚荣的樊篱，与一切浮华说再见。

哈佛幸福笔记：

泰勒·本－沙哈尔教授说："真正的幸福存在于现在和未来的联系之中，那些认为幸福只存在于未来或者期盼永远幸福的想法，都只会导致最终的失败与失望。"虚荣是幸福的一大天敌，把虚荣当成美酒痛饮，醉后是难醒的。用不属于自己的光荣来打扮自己，是不足取的。

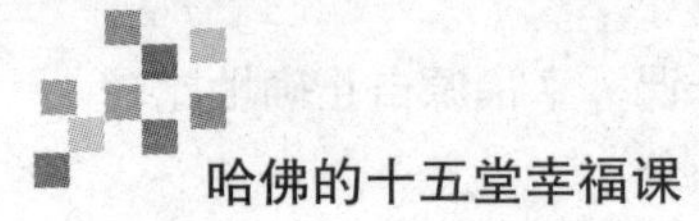

幸福小测试:你虚荣吗

1. 你喜欢名牌货吗?

(1)喜欢,但很少买

(2)喜欢,而且经常购买

(3)不喜欢

2. 你看别人的腕表时,通常会先留意什么?

(1)款式

(2)牌子

(3)只看时间准不准

3. 海外旅行时你会选择哪里拍照留念?

(1)和朋友一起拍照留念

(2)一定会去当地名胜拍照留念

(3)从来不拍照留念

4. 你喜欢在什么地方购买日用品?

(1)超级市场

(2)百货公司

(3)杂货店

5. 长袖衬衫背部勾破了,你会怎么办?

(1)补好放到一边,留待天气冷时穿在大衣下面

(2)立即扔掉

(3)补好继续穿

6. 测验不合格的话,你会怎么办?

(1)不让别人看到你的测验卷,不会提及测验的事

(2)说谎掩饰

(3)不介意别人知道你不合格

7. 你是否在朋友面前炫耀过新产品?

(1)有,但是这样的情况不多

(2)经常有

(3)完全没有

8. 你注重外表,当脸上长了一颗大暗疮时你会怎么办?

(1)涂些药膏盖着大疮,减少非必要活动

(2)会请假及足不出户

(3)所有活动照常进行

分类标准:

看一看以上8题中,你选择最多的是(1)、(2)还是(3),选择最多的便是你所属类型。

测评解析:

属于(1)类型:

你的虚荣心只属中等。这类人的虚荣心最理想,适当的虚荣心可以增强进取心,而且你和虚荣心强或弱的人都合得来,不会与人抢风头或者取笑别人,因此,人际关系也会很和谐。切勿让虚荣心增强,也无须刻意压抑虚荣心,顺其自然就好。

属于(2)类型:

你的虚荣心比普通人强一倍,会为了虚荣花费金钱和时间,但外表上讲究并不一定可以给人好印象。在与人交往中一定要注意,和虚荣心重的人一起要避免抢风头,与虚荣心薄弱的人一起则不要刻意炫耀,否则会给对方留下极坏的印象。一般来说,虚荣心重的人可以较容易结识异性,但是异性对你的印象会是过于虚浮,感情较难深入发展。你要对虚荣心适当加以克制。

属于(3)类型:

你是注重实际的人,不会花数百元买一双球鞋,运用金钱的能力较强,出现经济困难的可能较小。但由于不注重外表,可能与某些重视外表和潮流的人显得格格不入,人际关系会出现一点困难。恋爱关系则会因为性格不虚浮而较为稳定,异性朋友数目较少。不宜与爱虚荣的人合作,否则会有很多意见不合。

第十一课

幸福就是拥有一颗感恩的心

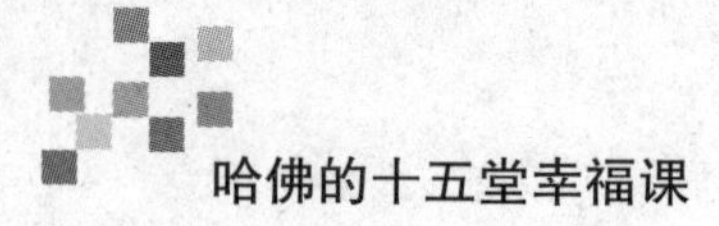

1. 不懂感恩是最大的不幸

有这样一条祝福短信:"所谓幸福,便是拥有一颗感恩的心,一个健康的身体,一份称心的工作,一位深爱你的爱人……"编写这条短信的人,将"感恩的心"放在了第一位,可见其对感恩的理解是相当透彻。懂得感恩的人,即使生活不尽如人意,他仍能淡然视之,微笑面对,幸福依旧;而不懂感恩的人,就是拥有再顺风顺水的事业、锦绣光明的前程,也未必能因此感到满足,反而将之视为理所当然,甚至得寸进尺,这样的人,幸福必然"敬而远之"。

俗话说得好:"滴水之恩,当涌泉相报。"感恩是一种素养,一种美德,更是一种智慧。常怀感恩之心,生活处处鲜花盛开,芳香满园,即使阴天落雨也能感谢这场甘霖带来的别致;若心无感恩之念,蓝天白云春风和煦也难以感染到他那颗暗淡晦涩的心。

苏珊和妈妈吵架了,她决定离家出走。

她流着泪在街上漫无目的地走,天黑了,渐渐平静下来的她才感觉到肚子很饿。

路过一个面摊,苏珊摸了摸口袋——没带钱。这更加让她增添了对妈妈的几分怨恨。

做面的老婆婆似看出了她的为难,便问她:"孩子,你是不是想要吃面?"

苏珊有些不好意思:"对不起,我忘了带钱。"

婆婆笑了:"没关系,我请你吃。"

热气腾腾的面端上来,苏珊一边吃一边哭。

婆婆问她原因,她说:"我与您素不相识,可您在我饥饿的时候还给我面吃,我那狠心的妈妈,竟然跟我吵架,还把我赶出来!"

婆婆听了,语重心长地说道:"孩子,你怎么会这么想呢? 我只不过给了你一碗面,你就这么感激我,可是你妈妈养了你十多年,每天为你洗衣做饭,你怎么不知道感激她?"

懂得感恩的人才是最幸福的人。一顿饭的赠予,我们可以为之感恩;然而多年的养育之恩,我们可曾想过要“乌鸟私情,愿乞终养”?一位先生送别年迈的父母回老家过年,火车启动,父母在车窗上一笔一画写下了“保重”两个字,那位先生顿时无语凝噎、泪流满面。

对于陌生人,或许人家给我们的一次指路、一个善意的提醒,都会让我们感激不尽,标榜自己有多么高尚的“感恩之心”,却单单忘记了数十年如一日对我们呵护备至的亲人,这样的感恩之心,岂不令人心寒?

曾经有一位学生问他的上师:我们现在所处的时代最大的问题是什么吗?是战争吗?上师说:不是。那是灾难吗?上师说:不是。那是什么?上师说:是不感恩。

一个记者来到一个贫困的山区采访,在山脚下几间破旧的茅屋前停下了脚步。吸引他的当然不是茅屋,而是屋前一群埋头写字的孩子。

这些孩子们穿着很粗旧,衣服上补丁摞补丁,但是却洗得发白,很干净。他们手里拿着短短的铅笔头,认真地在作业本上写着什么。

记者好奇地凑了过去,满以为在写什么作业,而映入眼帘歪歪扭扭的“感谢信”三个字让他大吃一惊。

孩子们高兴地把作业本交给这个从外地来的、看起来很有学问的叔叔看,只见上面分行分段的罗列着:

感谢花儿这样香;

感谢天空这样蓝;

感谢果树上结出的苹果又大又甜;

感谢二哥教我学会算数;

感谢妈妈做的香香的菜团子……

……

记者被深深地感动了,他看着这些孩子们稚嫩的小脸,突然悟到:幸福,就是要懂得感恩。

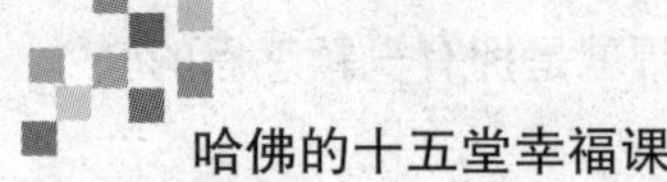

美国密歇根大学调查研究中心曾经对数千多人进行了十几年的追踪调查。他们发现心怀感恩情怀的人，会乐于助人，处处行善，生活快乐且寿命显然延长；相反，不知感恩的人，自私无情，性格孤僻，损人利己，无法与他人融洽相处，死亡率比正常人高出一点五倍。

可见，只有懂得感恩，感恩父母的养育，师长的教诲，爱人的关爱，亲朋的情谊，感恩今天阳光灿烂，蓝天白云如此清爽美丽，感恩我有一份工作，能让我衣食无忧的同时还学到了许多以往不曾接触的东西……只有懂得感恩，才能真诚地面对生活，才能热情地给予他人，才能坦然地接受关爱，由此才能更加感受到这个世界的五彩缤纷。

哈佛幸福笔记：

在哈佛大学的幸福课中，泰勒·本－沙哈尔感言道："当感恩成为一种习惯，我们可能会更多地珍惜生活中的美好，而不会把它们当成理所当然。"一个不懂感恩的人，往往会与生活中很多美好的东西失之交臂，在这样的失落与遗憾中，怎么能意识到幸福的存在呢？

2. 留意身边的幸福

生活中,很多人都无法感恩,无非是跌进了烦恼这个无底洞里,所谓的烦恼,说到底还是自寻而得。这些大大小小、不计其数的烦恼像一根根绳索,将我们束缚在原地,我们气恼、愤怒,却仍旧无法自拔。在这样的作茧自缚中,我们忽略了生活中太多美好,其实生活处处都有值得我们感恩的事,只要拥有一双善于发现的眼睛,你就会看到:妈妈为我做的鸡汤,爸爸又悄悄给我买了几本书,同学聚会了,考虑到我身体不好就将地点安排在了我所在的城市,爱人买了两张这周末的电影票……这些瞬间的美好与感动,难道不值得我们去虔诚地感恩吗?

有人觉得人生犹如一口枯井,了无生趣,其实,并非生活如此,只是人心作祟。我们习惯了冷漠,心灵的本质被忽视太久,蒙上了一层尘埃,以致身边都是浮云,连同那些美好的幸福也都在你麻木的双眼中飘过。有谁认识到幸福在身边,唾手可得?

贝拉是一位家庭主妇,操劳了半辈子,每天面临的都是些家庭琐碎,洗衣做饭干家务。她觉得她的辛苦没有换来应该得到的东西,比如感激——没有一个人对她说声"谢谢",或是送她个小礼物表示感谢。

终于有一天,她忍不住问丈夫:"如果我死了,你会不会买花向我哀悼?"

在一旁帮忙清理桌子的丈夫想也没想,张口就说:"当然不会。"

贝拉怒了:"什么?我为这个家辛苦了一辈子,死后还抵不过一朵花?!"

丈夫不紧不慢地解释:"你死以后,再多的鲜花都已经没有任何意义了,还不如趁你活着的时候买给你,嗯,明天我下班回来就去买,好不好?"

贝拉的怒火瞬间消了,她忽然觉得,生活并不是那么糟。

是啊,幸福本来就围绕在身边,但我们常常因内心的浮躁与不满,忽略了眼前的美景,也远离了幸福。我们总是在不断哀叹、抱怨生活中的不如意,说别人

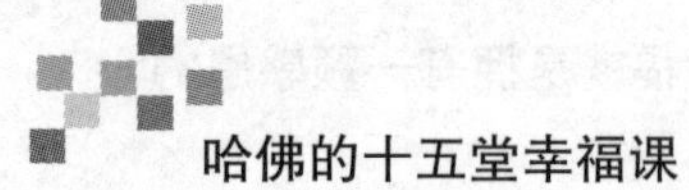

不懂得感恩，其实说到这句话的时候，我们就应该意识到自己的感恩之心也不是那么高尚。

世界科学巨匠霍金说："我的手还能活动，我的大脑还能思维，我有终生追求的理想，我有爱我和我爱着的亲人与朋友，对了，我还有一颗感恩的心……"有谁会想到，能够写出这样豁达的文字的人，竟然在轮椅上生活了30多年。一个怀有感恩之心的人，会发现生活中处处都有幸福的影子，并为之感谢命运的仁慈。

有人问佛："为什么总是在我悲伤的时候下雪？"

佛说："冬天就要过去，留点记忆。"

"为什么每次下雪都是在我不经意的夜晚？"

"不经意的时候人们总会错过很多真正的美丽。"

"为什么别处下雪而我这里不下？"

佛叹了口气，轻声说道："不要羡慕别处的风景，你身边的才是最美的……"

幸福是自然存在的，它每天都围绕在我们周围，像珍珠一串串，触手可及，你稍稍留意去体味，就会得到；如果你怨天尤人，视而不见，那么幸福就会在不知不觉中像流水一样从你身边溜走。

生活总是美好的，幸福总是无处不在，让我们在想尽办法去获得幸福之前，感激现在所拥有的一切，感激当下的生活。

哈佛幸福笔记：

大作家契诃夫说："要是你的手指扎了一根刺，那你应当高兴，因为这根刺没扎在你的眼睛里；要是你的火柴在衣袋里燃烧起来了，那你应当高兴，因为你的衣袋不是火药库……"原来，换一种角度看问题，那些不快也可以让人看出美好和感激来，幸福感也会油然升起。

3. 时常表达你的感激之情

哈佛大学泰勒·本－沙哈尔教授提醒我们要时刻感激和珍惜当下。他建议我们准备一本“感恩簿”，每天晚上睡前列出五项在当天中所要感激的对象。可以是空气、美食、家人、陌生人……哪怕是几个字，一个简单的短语，这些让你心灵愉悦的内容，会慢慢使你养成一个乐观积极的心态，靠幸福也就更近一些。他曾在讲座上念过自己某天的“感恩记录”：上帝，家庭，儿子，夫人，中餐……

我们是社会大家庭里的一员，又是自然大环境中的一分子，无论何时何地，面对任何人对我们的帮助，亲则家人，疏则路人，我们都要常怀一颗感恩之心，将感激之情及时地向他们表达。感恩的道理我们很容易就明白，随口说声“谢谢”更是举手之劳，但是许多人却无法坚持这种貌似简单的素养，甚至以为别人的援助之手伸到自己面前是件理所当然的事。

有一天，一辆高档轿车因为漏油而停在了路上，一身名牌的车主焦急地喊：“有谁能帮我爬进车底拧一拧螺丝啊？”喊了半天，却没有人响应。

后来，他干脆掏出一张百元大钞，喊道：“你们谁帮我拧紧，我就把这钱给他！”可是大家依然无动于衷。男人更急了，使劲挥舞着钞票，这时有个小男孩走了过来，说：“我来帮你吧。”

小男孩很快就把松掉的螺丝拧好了，他从车底下爬出来，仰起脏兮兮的小脸，用期待的眼神看着那男人，男人赶紧把百元钞票递给他，他却摇了摇头。

男人以为他嫌少，就气愤地说：“100 块你还嫌少啊！”然后从口袋里又掏出 10 块钱一起递过去，小男孩还是摇头。

男人怒了：“你还嫌少？再嫌，我一分都不给你啦！”

“不，我不是嫌少，”男孩脆生生地说，“老师说，助人不能要报酬！”

男人蒙了：“那你想要什么啊？”

小男孩认真地回答道：“我在等你跟我说谢谢啊！”

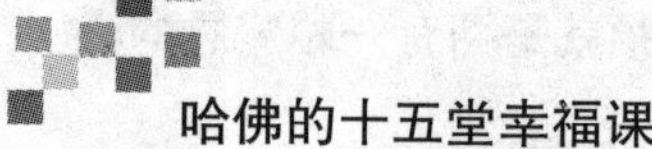

很多时候,表达你的感激之情是一种开阔的生活态度,是对别人的付出给予的一种尊重。若你吝啬一份感激,不舍得对人说哪怕简单的一句“谢谢”,那你的人生无疑会被划分到失败的行列,因为,一个连感激都不会表达的人,生活都会厌弃他。

长期辜负别人的付出,到头来还是自己的损失,因为一个人倘若连简单的感激之情都不会表达,就不会体会到幸福感。把感恩当成一种时常挂在嘴边的话,它自然也会慢慢渗入到心坎中,如此,即使是在糟糕的心境下,我们也会不忘记“感恩”二字怎么写。

一家外资公司要招聘职员,岗位只有一个,经过初试、复试之后还剩下五个候选人。人事告诉他们:结果会在三天之内出来,到时会有通知。于是,五个人都回家耐心地等消息。

第二天,五人之中的一个女孩收到这家公司的邮件,内容如下:

“经公司研究最终决定,很遗憾,你落聘了。我们欣赏你的才华和学识,但因名额有限,实属割爱之举。你所提交的应聘材料我们会尽快邮寄返还于你,感谢你对本公司的信任,祝你开心。”

没能进入自己心仪的公司,女孩十分伤心,但另一方面又为这家公司的诚意所感动,于是,便顺手花了三分钟时间,给这家公司回了一封简短的感谢信。

没想到,第三天,女孩接到了公司的入职电话。

后来,她才明白过来,这是公司的最后一道考题——相同的邮件内容同时寄给了五个候选人,只有她回复了邮件表示感谢。原来,最终脱颖而出的那个,是能够花上三分钟去表达感激之情的人。

泰勒教授说:值得感激的事情可大可小,一顿丰盛的晚餐,与久别重逢的老友的一次倾心的交谈,一份顺心的工作,心中不灭的信仰……凡此种种,每次的感激,每次留在“感恩簿”上面的记录,都会让你慢慢将感恩当成一种习惯,让你时时刻刻珍惜生活中的美好,不再麻木地将之视作理所当然。

让我们衷心地感激吧，时时刻刻都怀有一颗感恩的心，来看这世界的五彩缤纷。将感恩培养成一种习惯，随时随地都能真诚地对那些为我们付出的人说声“谢谢”，表达我们的感激，让幸福生活永驻身边。

哈佛幸福笔记：

泰勒教授认为：“悲观主义者眼中只有残缺，而乐观主义者只专注于积极因素。”让我们也随身配备一个“感恩簿”，把一切能让我们感激的事情做个记录，阳光天气也好，家人朋友也罢，即使是遇上阴雨，我们依然能感激这场上天赠予的浪漫与优雅。有颗感恩的心，才能感谢命运，花开或花落，我们一样要珍惜。

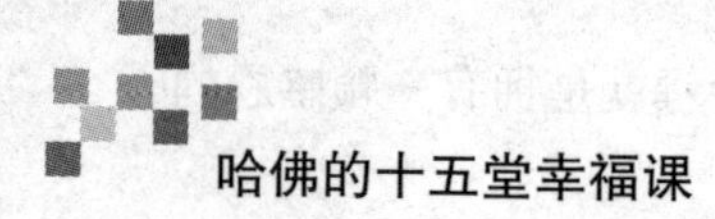

4. 平平安安地度过一天，就值得开心

生活中，我们总是一再地做出这样的蠢事：在平安的破坏和健康的缺损到来以前，我们总是感受不到它的存在，忽视一切有它相伴的日子。因为感觉不到平安带来的幸福，于是就老埋怨自己的不幸遭遇，责怪自己命运不好，日子过得平平淡淡，毫无意义可言。待到有朝一日，这些“不起眼”的平安和健康被打破，我们才惊觉它于自己而言，是多么不可或缺。

平安是福。这句常挂在嘴边的话，又有谁能真正听到心里去？幸福总是披着隐身衣，周旋在我们周围，而我们却在这所谓的“清汤寡水”的日子里自怨自艾，总觉得幸福与我们阻隔了千山万水。或许生活没有带给你多大的激情与浪漫，但这样的平淡与安宁，这样最实在的平安，不是一种最真的幸福吗？我们难道就不应该为这份珍贵的平安向上天感恩吗？

一直以来，索菲亚达都没意识到自己是幸福的，日子按部就班地过，没有风浪暗涌，按她的说法，就是“白开水一样的生活”。时间久了，她越来越羡慕那些“风里来，雨里去”的朋友们，好像这样的生活才最有意义。

直到有一天，索菲亚达的一位朋友出了车祸，接到消息的索菲亚达急忙忙地去医院看望。所幸没有生命危险，可是被医生告知两个月都不能下床走路了。看着朋友苍白的脸色，连说话都很吃力，索菲亚达心中觉得无比难受。

走出医院，索菲亚达抬头看看明媚的天，突然觉得自己很幸运，能走能跳，能在下班后去公园的湖边走走，能自由地去逛街……

她忽然很感激，感激这份平安带给她这么多的幸福。

很多时候，我们身在福中却浑然不知，眼里看到的全是不如意、不顺心。如果你不能每天行走在山巅高原，你遗憾于自己不能走在与天堂最接近的地方，可你每天呼吸着新鲜空气，穿过城市的林荫大道去上班，不也是一种幸福吗？

如果你不能整日穿梭于灯红酒绿的欲望世界，可你天天都能去饭馆吃一碗热腾腾的面，回家泡上一杯香茗打开台灯看书，这不也是一种幸福吗？

做不了新鲜刺激的事情，那就安分一些，平平淡淡的，经营着平凡惬意的岁月，又何尝不是一种至高心境呢？华灯初上，很多人开始狂欢的夜晚，让我们祈愿所有的亲人朋友，不管在哪儿，都能平平安安。让我们少点欲望，多些平和，安享这份无价的平安之福吧！

2004年，印度尼西亚海啸发生之前，当地的赶象人萨郎甘和妻子正率领一支由8头大象组成的队伍向海边进发，象背上驮着十几名外国游客。

正在平稳地行走着的时候，突然，象群开始吼叫，躁动不安几欲奔跑。

此时，印度尼西亚的苏门答腊岛附近的海床正发生9级地震。

萨郎甘意识到危险来袭，与妻子赶着象群开始往山上奔跑，并不断呼喊尚在海边休憩的人。

巨浪来袭，大家也都纷纷跟着象群狂奔。最终，萨郎甘的这群大象成功解救了当时在场的许多人。回忆起当时的场面，人们唏嘘落泪：灾难当头，才认识到平安有多宝贵。

未知的灾难总是隐在最暗处，让我们无法预测和防备，在它面前，我们瞬间清醒：天啊！曾经的平静生活是多么幸福！这给享受着安逸生活所带来的愉快的人们提了个醒：要珍惜平安和健康，珍惜所享受着的平静生活。把那些不满与抱怨全都放下，感恩这样的生活给予你了那么大的幸福。

当你客居他乡，当你求学异地，当你搏击商海，当你戍守边疆，当你迎着朝阳奔驰在地平线上时，你是否知道有人为你心弦紧绷，为你默默祝福，为你悄悄祈祷？没有你的消息，他们无助彷徨；你平安归来，他们才有舒展的脸庞。

别再为了赶时间就攀越路栏，别再为了快赶路就抢道闯红灯，上天给了你一个完整的体魄，你要视之若珍，不要冒险打破这种完整。平安如美丽的画卷，

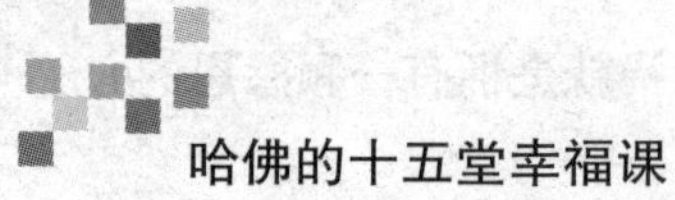

有吉祥的色彩；琐碎的幸福像花儿，朵朵绽放成一片花海，满是沁人的芳香。让我们心怀感恩，去静心领略这份祥和的平安，这份美好的幸福。

哈佛幸福笔记：

卢梭说："没有感恩就没有真正的美德。"感恩可以让人得到心灵的安宁与生命更多的眷顾。感恩自己能拥有如此平静安心的生活，让我们得以笑对每天的日升月落。平安是最贴心的幸福，它让未来充满了未知的惊喜，让世界充满了善意和温暖。拥有平安，幸福、健康、快乐常伴你的左右。

5. 点滴小幸福凝聚大幸福

生活中，很多人都丢失了自己的幸福定位，迷失了幸福的航向，或许这便是所谓的"幸福缺乏症"。因为忽略了生命旅途中随处可见的诸多小幸福，才时时觉得自己站在不幸的深渊里。我们在因寻不到幸福的倩影而愁绪满腹时，往往忘记了一点：那些看似微不足道的小幸福积攒起来，便成了足够温暖我们一生的大幸福。

那么，何为"小幸福"呢？

林语堂说：幸福，一是睡在自家的床上，二是吃父母做的饭菜，三是听爱人给你说情话，四是跟孩子做游戏。

魏巍则反问：当你坐上早晨第一列电车走向工厂的时候，当你扛上犁耙走向田野的时候，当你喝完一杯豆浆，提着书包走向学校的时候，当你安安静静坐到办公桌前计划这一天工作的时候，当你向孩子嘴里塞着苹果的时候，当你和爱人悠闲散步的时候，朋友，你是否意识到你是在幸福之中呢？

哈佛大学著名的泰勒·本-沙哈尔教授已经离开了让他成名的哈佛课堂，回到以色列的大学任教。面对众多人惋惜的目光，他却淡淡地笑："我希望多和妻儿、父母在一起。别忘了我说过的，要过上幸福的生活，家庭才是最重要的，不是吗？"

泰勒回到祖国，与众多国人一样，过着一种慢节奏、远离尘嚣的生活。每天除了讲课外，他所做的便是陪伴妻子和父母，带着三个孩子到阳光灿烂的公园里玩耍、运动，还有一个人写作。在他看来，这就是平静生活中的小幸福，却成就了最温暖的大幸福。

幸福其实很简单，不需要任何条件和理由，点点滴滴尽在身边：晚饭后下楼去小区里散步，头发花白的老爷爷老奶奶随着舒缓的舞曲翩然起舞，你坐在一边的长椅上安静地欣赏，一阵清风吹来，飘过紫薇花的清香；泡上一杯龙井，伸手拿过书桌上的那本诗集，在花好月圆的意境里细细品味当年诗人的寂寞惆怅，偶然间一抬头，月光铺满了整个书案；你披着外套沿街走过，拐角处一个不

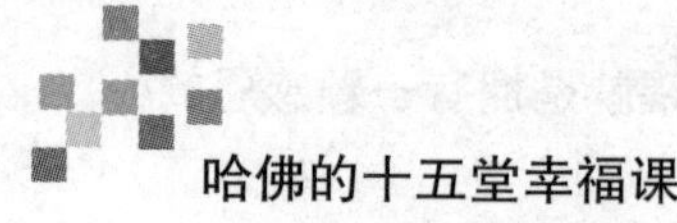

留神竟欣喜地发现分别多年的知心好友，你们把盏言欢，剪烛长谈……

这些都是幸福，感恩的生活如此美好。不一定是轰轰烈烈的大喜大悲，不一定是高朋满座的热闹，平淡生活中的一份闲适、一份轻松、一份洒脱、一份从容中都蕴含着幸福的真谛。即使幸福只是不连贯的零零碎碎，只要用心拾取与感受，也可以汇成美满人生的河流。

只有幸福的人，才会把不关痛痒的小事情挂在心上，才会对鸡毛蒜皮的琐事有感觉，才能从生活中发现点点滴滴的小幸福，感激现在所拥有的一切，感激是这样的处境让我们能发现众多美好，只有这样，才是感受幸福的捷径。

哈佛幸福笔记：

泰勒说："也许我在课上传达的道理，你以后都会懂，但我不希望你到七老八十了，才恍然顿悟什么对自己最重要，却已经没有机会去弥补了。如果你在年轻时就明白这些道理，也许一切会好得多。"会感恩的人，懂得如何用身边的小幸福一个一个串联成大幸福。

幸福小测试:你是懂得感恩的人吗

同学借给你的书被你不小心弄脏了,你怎么处置?

A. 赶紧去买一本一模一样的还给他,还给他的时候拼命强调自己有多辛苦才买到这本书

B. 尽最大能力把书本弄干净,跟同学诚挚道歉

C. 相信同学不会怪你的,笑嘻嘻地把书还给同学

测评解析:

选 A 的人:

如果说你不是一个懂得感恩的人,你一定不会承认。因为你总是懂得怎么去报答别人,简单来说,就是"懂得做人"。当然,这是好事一桩,尤其当你步入社会后,你更会感受到这点让你如鱼得水。但是,如果用一种虚浮的态度来面对别人,不仅仅是让你自己受累,也会让别人觉得你有距离感,并且感受到压力。感恩不是做出来的,而是发自内心的。

选 B 的人:

你的性格应该是比较"蛮"的,倔强让你常常伤痕累累,但是,相对地,你的努力也会有所回报,虽然要比别人花更多的力气。你是一个懂得感恩的人,然而,就像你做其他事情一样,你总是选择一种最艰难但最能让你良心好过的方式去完成。如果对方感激你,你会觉得再怎么辛苦也是值得的,如果对方表现淡漠,那么你会因自己的付出没有回报而不开心。需要注意的是,感恩也要懂得方式方法,并且对自己的付出不后悔。

选 C 的人:

对你来说,感恩完全没有概念,或许这跟你的生活环境有关,你以自我为中心,气焰嚣张,你觉得别人对你好都是理所应当的。或许以你活跃的个性,你会有很多好朋友,但是不要因此以为你的朋友就会纵容你,一次两次可能还会原谅你,但次数多了,大家就会受不了你的骄傲个性。要知道,大家都是平等的,别人对你好,你要记在心里,要懂得"惜福"。

第十二课

有朋友分享的快乐才叫幸福

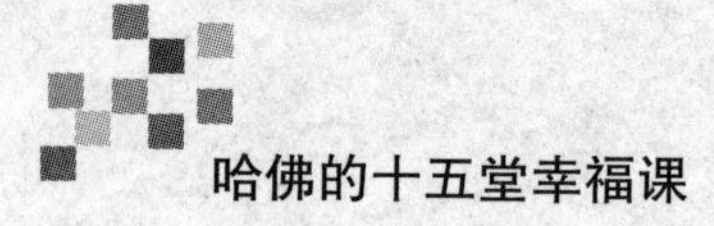

1. 没有分享的人生是一种惩罚

美国海洋生物学家雷切尔·卡森说:“好咖啡要和朋友一起品尝,好机会也要和朋友一起分享。我们必须与其他生命共同分享我们的地球。”

和别人分享快乐,快乐就像给足了养分的细胞一样迅速分裂,快乐被传递,越来越多的人享受到快乐的气息,这个世界由此更加充满温情。生活需要分享,快乐和痛苦都要有人分享。没有人分享的人生,无论面对的是快乐还是痛苦,都是一种惩罚。

就如一栋漂亮的房子,若是徒有别致一格、匠心独运的外形构造,却没有一扇能洒得进阳光的窗子,就算这栋房子再高贵典雅,若是它像人一般有感情的话,恐怕感到的只是孤单与失落。人生同样也需要拥有这样一扇与外界分享的窗,当你独孤了或是快乐了,它都会通过分享带给你幸福。

一位酷爱打高尔夫球的犹太教教徒,偏偏在一个安息日手痒难耐,很想去挥杆。但犹太教规定,信徒在安息日必须休息,什么事都不能做。

但这位教徒还是禁不住打球的诱惑,想着打九个洞就好,于是便决定偷偷去高尔夫球场。

由于安息日犹太教徒都不会出门,球场上除了他一个人也没有,他更加觉得不会有人知道他违反规定。

然而,天使恰巧看到了这一幕,于是生气地到上帝面前告状,说某教徒不守教义,居然在安息日出门打高尔夫球。

上帝听了,就说会好好惩罚这个教徒。

第三个洞开始,教徒打出超完美的成绩,直到打完第九个洞,都是一杆进洞。太神乎其技了!由于高兴,他决定再打九个洞。

天使又跑去找上帝:“上帝呀,你就是这样惩罚一个违反教义的人吗?”

上帝说:“我已经在惩罚他了呀!你想想,他有这么惊人的成绩,以及兴奋的心情,却不能跟任何人说,这不是最好的惩罚吗?”

现实生活中,分享很重要。只有我们学会了分享,心胸才能更为宽广,才能天天都过幸福节。但若是一个人总是关起门来"吃独食",那么,他的生活无疑犹如一潭死水,没有生的力量,只有无尽的悲哀。

想象一下,如果你独身一人去嘉年华,你在里面尽情地玩,把所有惊险刺激的游戏都玩够,把所有独特新奇的玩具都体验一遍。但是,没有人陪你在过山车上一起尖叫,没有朋友为你赢得大米老鼠而喝彩,也没有人陪你一起坐在摩天轮上欣赏人间美景……这样一来,你还会觉得好玩吗?

贝尔太太是一位有钱的妇人,她的花园又大又美,吸引了许多游客。年轻人在绿草如茵的草坪上跳起了欢快的舞蹈,小孩子扎进花丛中捕捉蝴蝶,老人坐在池塘边垂钓,有人甚至在花园当中支起了帐篷,在此过他们浪漫的盛夏之夜。

贝尔太太站在窗前,看着这群快乐得忘乎所以的人们,感到很生气。于是就想了个办法,叫仆人在园门外挂了一块牌子,上面写着:欢迎你们来此游玩,为了安全起见,主人特别提醒大家,花园的草丛中有一种毒蛇。如果哪位不慎被蛇咬伤,请在半小时内采取紧急救治措施,否则性命难保。最后告诉大家,离此地最近的一家医院在威尔镇,驱车大约50分钟即到。

事实证明,这真是一个绝妙的主意,那些贪玩的游客看了这块牌子后,对这座美丽的花园望而却步,再也不进来玩耍了。

可是因为园子太大,走动的人太少,几年过后,真的变成杂草丛生,毒蛇横行,几乎荒芜了。

孤独、寂寞的贝尔太太守着她的大花园,默默地怀念着那些曾经来她的园子里玩的快乐的游客。

我们每个人心中都有一座美丽的大花园。如果我们愿意与人分享它的美丽,让别人在此种植快乐,同时也让这份快乐滋润自己,那么我们心灵的花园就永远不会荒芜。

与人分享快乐,快乐就多了好几倍。为人分担痛苦,痛苦就减少了一大半。

如果你的生活里也有这样一个或几个愿意与你分享快乐、分担痛苦的朋友,那么你的人生绝对是幸福的。

好东西就是要跟大家共同分享,生命就该付诸在美好的事物上。当你遇见美好事物时,所要做的,就是把它分享给你四周所有的人,这样,美好的事物才能在这个世界上自由自在地散播开来。

哈佛幸福笔记:

哈佛幸福课中,专门提到过分享的重要性。只有我们学会把爱传播出去,我们才能够让我们心中的爱更加美满。没有分享,所有的感情都会枯萎,所有财富都会变得没有价值。所有的成功,只有与别人分享才有意义;所有的快乐,只有与别人分享,才能历久弥新。

2.狭隘让人步入生命的低谷

2007年,哈佛大学宣布进行30年来最大的课程改革,将新增8门学科,旨在"让学生了解与自身不同的价值观、风俗和制度",帮助他们克服美国的"狭隘观念"。

生活也是如此,处在这个纷繁复杂的大环境中,适应着周遭生活中的一切,被动接受得久了,心会疲累,会麻木,会冷漠。若是此时再陷入狭隘中,我们的生命只会步步沦陷在自私的泥潭中,无法自拔。

有两位很虔诚、很要好的教徒,决定一起到遥远的圣山朝圣。

两人背上行囊走啊走,路上遇见一位白发圣者。

圣者看到这两位如此虔诚的教徒,十分感动。于是告诉他们:"我要送给你们一个礼物,我会实现你们当中一个人的一个愿望,而另一个将会得到这个愿望的两倍!"

其中一个人心想:"这太棒了,但我不要先讲,他怎么能有双倍的礼物呢?不行!"

而另外那个也自忖:"我怎么可以先讲,让我的朋友获得加倍的礼物呢?"

于是,两个好朋友就开始客气起来,互相谦让,谁也不肯先开口。

后来,两人的谦让演变成了争吵,其中一人吼道:"你真是个不识相的家伙!我的愿望是让我瞎一只眼吧!"

很快地,这位教徒的一个眼睛瞎掉了,而与他同行的好朋友,立刻两只眼睛都瞎掉了!

原本这是一件多么美好的礼物,可以使两位好朋友彼此分享,但是人的狭隘、贪念与嫉妒,使他们丧失了心智,使得"祝福"变成"诅咒","好友"变成"仇敌",更是让原来可以"双赢"的事,变成两人瞎眼的"双输"!

泰山不辞抔土,方能成其高;江河不择细流,方能成其大。假使世间万物都是狭隘自私的,那么,这个世界将会变得多么卑劣、丑陋!

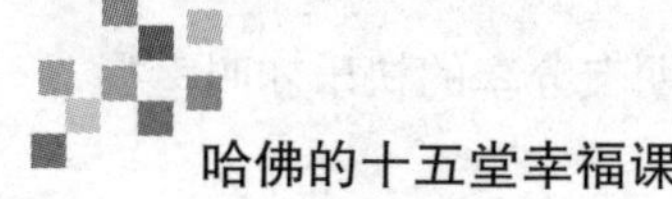

自私和狭隘会阻碍我们与他人分享,会让我们的生命因此步入低谷。我们只有摆脱内心的狭隘和私欲,主动地去施予,去分享,才能够走出自私自利的小圈子,体会到分享的力量。

有个旅行者在沙漠中迷失了方向。饥渴摧残着他的身体,他拖着沉重的脚步,感到自己已经濒临死亡。

在几近绝望的时候,他发现了一间废弃的小屋,屋前还有个吸水器。如同遇见了救星一般,他用力抽水,可滴水全无。

在他气恼的时候,看见旁边有一个密封的水壶,壶上有一个纸条,写着:你要先把这壶水灌到吸水器中,然后才能打水。但是,在你走之前一定要把水壶装满。他小心翼翼地打开水壶塞,里面果然有一壶水。

这个人面临着艰难的抉择,是不是该按纸条上所说的来做,如果倒进去之后吸水器不出水,岂不白白浪费了这救命之水?

思索了片刻,一种奇妙灵感给了他力量,他下决心照纸条上说的做,果然吸水器中涌出了泉水!

他把水壶装满水,塞上壶塞,在纸条上加了几句话:"请相信我,纸条上的话是真的,摒弃心中狭隘的想法,才能尝到甘美的泉水。"

只有无私的心灵才会品尝到甘泉的甜美,奉献带给人幸福的体会,使自己的心快乐无比。

明明是自己自私,明明是自己为人处世的方式狭隘,却还是感叹这世界的灰暗,人世沧桑,喟叹生命之舟风雨飘摇,人生苦旅变化无常。很多时候,你必须清醒:正是自己不懂得奉献,不懂得分享,才让尘封的心日渐干涸。

哈佛幸福笔记:

心胸豁达,足能涵万物;心胸狭隘,无能容一沙。自私和狭隘只能让一个人步入生命的低谷,如果一味地让自私和狭隘封闭自己,而不主动去和别人交往和分享,那么永远也不会品尝到人生快乐的滋味,更不会得到至真至纯的真情。

3. 好朋友越多幸福感就越强

印度当地流行一句谚语说："朋友是抵抗忧愁与恐惧的卫士。"简短的一句话却饱含了无穷的意蕴。一个好朋友就如泥泞滩涂中的一根拐杖，给我们战胜一切困难艰险的力量。在你孤独时、难过时、痛苦时……愿意放下手头的工作，陪伴你、安慰你的只有朋友。

朋友可以为了你的一个电话而彻夜不眠，可以星夜兼程只为赶来与你一起担当，你与朋友在一起侃大山、聊家常、谈事业，这样的情谊填补了我们精神上的空虚，犹如一泓清泉，滋润着我们干涸荒凉的心灵。

朋友越多，带给我们的快乐和幸福就越多。万家灯火照亮全城，一群朋友犹如一盏盏明烛，同样能为我们驱散阴霾，带来金黄温热的阳光。珍惜每一个好朋友，即使清苦的日子仍能让我们品出琼浆的甘甜。

一个哑巴女孩来到报亭，用笔和纸写出了自己的请求——希望店主能帮她打一个电话。店主欣然答应了，接电话的是个男人，也是帮着接电话的，因为他的旁边也站着一个哑巴女孩。

于是，他们为两个不能说话的女孩充当起了传话筒。

这头说，她怀念当初一起去吃酸辣粉的时光；那头说，她为她织了一副手套，过几天就寄过来；这头说，自己要过些日子才能回去，请她帮忙照看家中的小弟；那头说，已经收到了寄来的特产，很好吃……

因为是一边写一边说，传起话来也比较费时，电话通了近十分钟，并没有说多少内容，但是这头哑巴女孩满脸都是幸福和喜悦。

打完电话，女孩一再地感谢店主，她写给店主说，电话那头是她最好的朋友，她们约好每个月6号这个时间打电话，就这样一直坚持了好多年。

友谊就如一个陶瓷杯，在茶水的不断滋养下，才能有日益润泽的色彩，但如

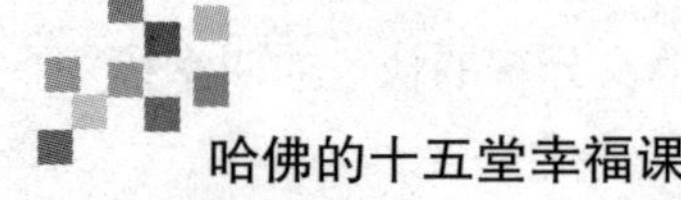

果搁置太久，它就会黯然失色。很多时候，由于习惯了友情的平淡，我们往往会忘记该如何细心珍藏，待到朋友音信杳然之后，才惊讶于岁月的流逝是不停脚步的。寂夜寒凉，我们在万籁俱寂、辗转反侧之时，想起那些与朋友同在的过往，更觉情深义厚，刻骨铭心。

珍惜每一个好朋友吧，不要等到他与你渐行渐远的时候，才猛然惊醒这份友情的可贵。或许到那时，因时光的打磨，你们之间的隔阂早已让这份情谊淡化成一张泛黄的照片，唯见旧人颜，不见了那份无价的感动。

生活漫长，但一定要活得细致，拥有一群好朋友，可以让你的生命更加绚丽多姿。恋人之间总是有海枯石烂、地老天荒的承诺，而朋友，他不说这些山盟海誓，更不会甜言蜜语讨你开心，有的只是一句再简单朴实不过的问候语："还好吗？顺利吗？""天冷了，出门别忘添衣。""钱够花吗？不够说一声。""挺想你的，保重啊……"就是这些再平常不过的话，会不会让你倏然间就冒出了泪花？会不会让你在每个起风的早晨备感温暖？会不会在夕阳无限好的时候让你忘记了所有，时间静止在这一刻，享受这声叮咛带来的温馨？……

有一天，友情和爱情在路上相遇。

爱情问友情："世上有我了，为什么还要有你的存在？"

友情笑着说："爱情会让人们流泪，而友情的存在就是帮人们擦干眼泪！"

朋友就是偶尔会为你担心，对你关心，替你操心，想你开心，逗你欢心，请你放心。朋友之间，懂得关怀最是难得。伤心时不妨和我说，痛苦时别忘了跟我讲，有病时别忘了通知我，困难时记得要告诉我，失望时要想起还有我，开心时更不要忘记我。

真正的好朋友，就算青丝白头，也能在心底保留；就算人在天涯，也能在心底珍藏；就算时光流逝，也会在心里深深想念；就算事过境迁，也会在心里默默关怀。

路漫漫，要有朋友与你一同并肩，即便是长途跋涉也能看到百花盛开。朋友越多，一路上收获的幸福就越多。

哈佛幸福笔记：

人生是一次漫长的旅行，只有不断结识新的朋友，旅程才不会孤单。朋友如一杯清茶，味道虽淡，却清香弥久，更如一杯陈酿，在岁月的积淀中，越发甘冽清醇。一个朋友一份感动，一群朋友就有数不清的温暖幸福，将这些幸福串成一个同心圆，让现世安稳，岁月静好。

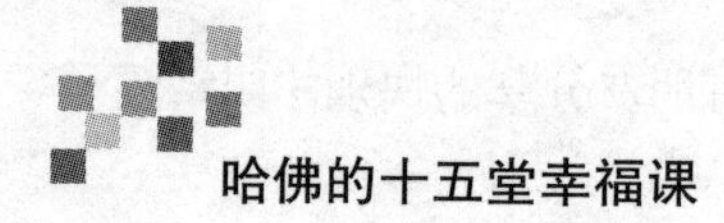

4. 把爱分出去，快乐就会越来越多

美国著名的舞蹈家邓肯有一段话说得十分深刻："一个被人称为自私自利的人，并非只因为他寻找自己的利益，而在于他经常忽视别人的利益。"一个总是以自我为中心的人，成天都在掂量着自己能得到多少好处，能获取多大利润，日子就在这样的算计中悄然流逝，同时还顺手带走了原本属于他的快乐与幸福。

不要过分地吝惜你的爱，有人唯恐一旦将手中的东西奉献出去，自己就落得一无所有了。其实不然，很多时候，只有我们慷慨地将爱送了出去，他日才会收获到更多的友情与快乐。因为只有时时怀有一份善念，以别人的视角与立场来思考问题，才会产生更多愉悦的心情，以及意想不到的惊喜。

一名学习特别优秀的学生，却是心态骄傲，总是独来独往，对同学主动请教的问题也含糊其词，不帮忙解答。在平时的学习生活中，更加不会伸出手去与同学互帮互助。因为有着这样一个孤僻偏执的性格，他几乎没有什么朋友。

细心的老师发现了这个现象，就问他原因。

学生说："我自己学到的知识，凭什么教给他们？他们自己去学就好啦！"

老师想了想，对他说："你先去点一盏油灯。"他照做了。老师接着又说："再去多拿几盏油灯来，用第一盏灯去点燃它们。"学生也照做了。

这时老师笑着对他说："其他油灯都是用第一盏灯点燃的，但是第一盏灯的光芒有损失吗？"

他回答道："没有啊！"

老师又说："你将自己的知识跟别人分享，不但不会有损失，反而会拥有更多的朋友与友情，获得更大的快乐和满足。这样不是很好吗？"

他若有所思地点点头，开始慢慢融入到集体中，在学习上帮助更多的同学进步。渐渐地，他拥有了众多朋友，也过得更加快乐了。

给予能够为别人带去快乐，也能够为自己带来快乐。学会把爱分出去，爱不仅不会减少，生活还会回报给你成倍的快乐。给予是一种美德，更是一种境界。

当有人在孤独里悲伤落泪时，你不会说些安慰的话，那就陪他安静地待一会儿，这也会让他受伤的心灵感受到人间最真实的温暖；当有人对月思乡时，你不妨放下手上的工作，陪他一起对酌月光下，谈家、谈亲人、谈人生……不要吝惜你的爱，投之以桃，报之以李，你不会因送去一份关爱而少了什么，相反地，你接受到的愉快比想象中还要多。

有个吝啬的财主，从来不肯分给人一点东西，守着家里的银钱，可是没有快乐可言。

一天，他听说某座山上有能使人快乐的泉水，于是很欣喜地带着瓶子去寻找。路遇一位好心的老大爷给他指路，并说："你要记住，你打回水之后，一定要给乡亲们分享泉水。"忙着赶路的财主连连答应。

他果然找到了快乐的泉水，但却不想把水分给乡亲们喝。于是他一人回到家，想独享快乐。但是，令他失望的是，他的瓶子里面倒出来的不是水，而是一张纸条，上面写着："只顾自己快乐的人，永远得不到快乐！"

穷人问佛：我为何不能成功？佛说：因你没学会给予。穷人说：我什么都没有，如何给予？佛笑：即使什么都没有，也可以有多种给予：(1)颜施，即微笑处事；(2)言施，多说鼓励赞美的话；(3)心施，敞开心扉，对人诚恳；(4)眼施，将善意的眼光给予别人；(5)身施，以行动帮助别人；(6)座施，谦让别人；(7)房施，有容人之心。

懂得将爱分出去的人，怀有一颗仁爱之心，所到之处皆是天气晴好，阳光灿烂；所行之路更是落英缤纷，莺歌燕舞。将爱分出去吧，懂得关爱他人，就等于为自己开辟了一条更为宽广的道路，而快乐也会在这样分享的过程中越来越多。

哈佛幸福笔记：

哈佛的毕业生有一个传统：捐助哈佛。一代一代的哈佛人，将一笔笔财富回馈给哈佛，感谢哈佛当年给予自己的栽培。人与人之间也一样，只有懂得给予和付出，懂得珍惜和感动，才能获得真诚的友情与爱。幸福就像手里的风筝线，你只有舍得将线放远了，它才能飞得更高，才能在蓝天上翱翔。

5. 自私与吝啬会带走你的朋友

屠格涅夫说过："自私的人将如孤单的不结果实的果树，日见枯萎。"一个自私自利的人，做谁的朋友都没有意义。敌人还可以光明正大地与我们对抗，让我们知道自己拥有什么、缺少什么，而一个自私的"朋友"，只会让我们空耗感情，甚至不经意间就受到伤害，这是最令人心寒的。

有的人总把别人对他的仁慈视为必然，而自己接受这份恩惠实属理所应当，不仅如此，这种人从不舍得付出，金钱也好，爱心也罢，唯恐给了别人之后自己就会吃大亏。其实，长此以往，他们迟早会陷入孤立无援的境地，总有一天会被自身的自私葬送。

吝啬的人总是精打细算，生怕自己一个不留神就做了赔本买卖。看过巴尔扎克小说《葛朗台》的人都对葛朗台的生活态度感到鄙弃，更为他的下场深觉可悲。如果单单是守着金钱过一辈子，凡事斤斤计较，这样的人最终只会被自己的贪婪自私吞噬，大家对这种人也只会敬而远之，根本不会与之做朋友。

朋友之间，信任是基础，但若想长久地维持一份真挚的感情，一定要对你的朋友悉心呵护。都知道爱情需要保鲜，不能让它过早凋零，其实友情又何尝不是这样？友情代表的是一种博大和宽广的胸襟，千万不能让自私占据内心的一席领土，到时，你失去的不仅仅是一个至亲至爱的朋友，还有一份这世上最珍贵最难得的情谊。

从前，有两个情同手足的朋友，二人立誓说要同生死，共患难。

一次，他们在穿过一片沙漠时，水尽粮绝，濒临死亡。这时上帝对他们说："前方有一棵果树，上面有两个苹果，一大一小。小的只能解燃眉之急，而大的才能给你足够的力量走出荒漠。"

这两个朋友互相谦让，谁也不肯吃那个大的，就这样一直僵持到了深夜。

第二天天一亮，其中一人醒来后发现他的朋友不见了，他赶忙去看果树上的果子，果然，树上只剩下一个小小的苹果，朋友的自私让他顿时心灰意冷……

他吃下那个小果子后继续在沙漠中前进，走出没多远，看到他的朋友晕倒在地上，他立即跑上去，却发现他手里还紧握着一个苹果——这个苹果比他刚才吃的那个小了整整一圈……

真正的友谊，往往在困难面前才会被无限放大，体现得淋漓尽致。真正的友谊，超越生死，透入血脉，把生的希望留给朋友，宁愿自己承担未知的死亡。这种大爱，这种无私，深深地震撼着我们的心灵，谱写出这世间最华美、最雄壮的曲子。

友情不能过分自私，应该让它像阳光一样普照，像空气一样流动，像雨水一样滋润。只有这样的友情才是最真朴，最纯洁，最虔诚的。试想，如果让阳光只沐浴在你一个人身上，让空气只集中在你一个人的房间，让雨水只降落在你一个人的天地，那会是一种什么样的结果？

无私的友情是一种"美好"，它从不想着要以互惠为目的，却只想为朋友雪中送炭，哪管自己三尺冰寒。而自私的人，为了蝇头小利便不顾他人的感受，总是要大小利益全都围着自己转，这样的人，哪里会有真诚的朋友会馈赠他如此宝贵的情谊？以被称为"吝啬鬼"来换取几个小钱，着实得不偿失。

哈佛幸福笔记：

哈佛大学有句名言："立场不同、所处环境不同的人，很难了解对方的感受。因此对别人的失意、挫折、伤痛，不宜幸灾乐祸，而应有关怀、了解的心情。"任何人都不会和一个吝啬的人交朋友，因为吝啬往往抹杀了真挚，朋友之间的情谊是靠真心来维系的，不要让自私寒了你朋友的心。

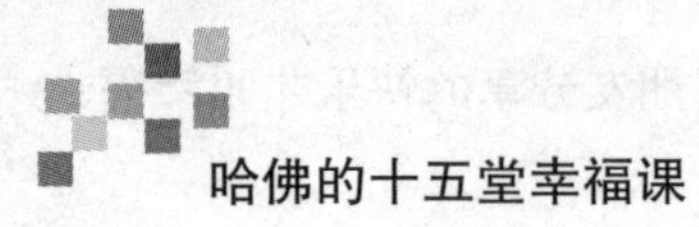

幸福小测试:你知道自己在与人交往中的亲和力如何吗

1. 与人说话时,你会看着对方的眼睛吗?

是→问题 3

不是→问题 2

2. 与人说话时,你的手势动作很大吗?

是→问题 4

不是→问题 5

3. 和朋友们在一起,你爱扯别人的闲事吗?

是→问题 4

不是→问题 6

4. 朋友向你寻求帮助,你总是会全力以赴吗?

是→问题 7

不是→问题 10

5. 你的朋友经常来探望你吗?

是→问题 8

不是→问题 6

6. 当朋友陷入困境,他们会来找你吗?

是→问题 9

不是→问题 7

7. 你是不是爱向别人吐露自己遭遇的挫折以及个人的种种问题,常常"诉苦"?

是→问题 12

不是→问题 10

8. 打电话时你总是说个没完,让其他人在一旁等得着急吗?

是→问题 9

不是→问题 11

9. 如果有人赞美你，你是不是会向他说“谢谢”呢？

是→问题 13

不是→问题 10

10. 你是不是经常关心别人的幸福？

是→问题 11

不是→D 类型

11. 你确实不喜欢的人超过 7 个了吗？

是→问题 13

不是→问题 12

12. 你遇到不如意的事是否精神沮丧、意志消沉？

是→C 类型

不是→问题 13

13. 你会参加任何一位来宾都不认识的生日聚会吗？

是→A 类型

不是→B 类型

测评解析：

A 类型：

你具有很高的亲和力。你性格开朗，乐于助人，宽容随和，并且懂得尊重别人。你与人相处的原则是互利互助，但又彼此独立，对事物有自己独特的认识。让人感到与你在一起既愉快又轻松，你是个处处受到欢迎的人。但是，你也一定要注意谦虚。对待任何事物都做到心平气和，会让你的亲和力不断提升。

B 类型：

你具有较强的亲和力，能与人融洽相处。因为你性情稳重，含蓄内向，所以在交往刚开始的时候，你很难较快地融入一个陌生的圈子。不过，随着时间的推移，你的品质和为人便会被大家所认可。你不妨做一些人为的推进工作，更多地敞开自己，减少磨合时间。

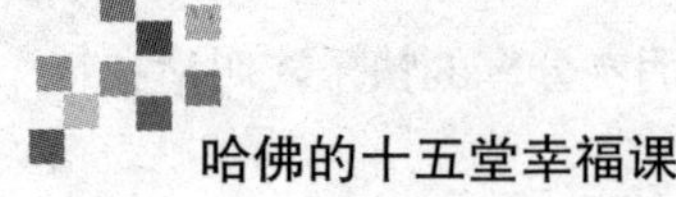

C 类型:

你的亲和力不是很强,你也许是个温和、善良的人,可是你缺乏充分的自主性。遇事很难自己解决,也无法给处在困难中的朋友以有效的建议和帮助,因此难以使人产生可以信赖的感觉。要明白与人交往是个最展示人格自由与健康的舞台,请试着使自己独立起来,过度的依赖或过分的感情需求,只会使你理应担当的角色不成功。

D 类型:

你的亲和力很低,甚至可以说是没有。你主观上就很排斥与他人沟通交流,你认为自己一个人就能构成一个完整的世界,与人交往不仅无法使你愉快,反而会成为一种令你厌烦的负担。这样的心理状态,注定了你的亲和力低下,当然也就很难有什么朋友。请不要为自己的特立独行沾沾自喜,要知道,人总是生活在人群中,有他人相助总比一个人拼搏好得多。

第十三课

慈善是幸福的根

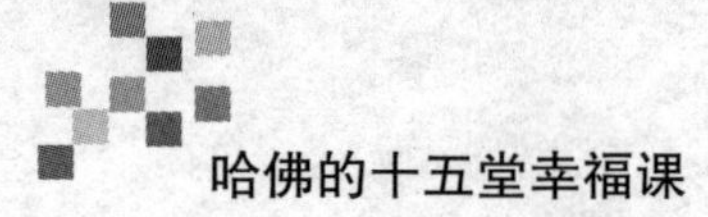

1. 布施，获得幸福的秘诀

有句俗语是这样说的：如果你想快乐一小时，那么打个盹吧；如果你想快乐一天，就去钓鱼吧；如果你想要一个月的幸福，就去结婚吧；如果你想要一年的幸福，继承一笔财富吧；如果你想要得到一辈子的幸福，那么就去帮助别人吧。

一提到"布施"一词，很多人或许都会联想到"佛"。是啊，佛在我们心中是慈悲的化身，永远都是慈眉善目、普度众生，大肚能容天下之事，开口便笑天下之人。一颗明净善良的佛心往往让我们对其充满了虔诚与敬畏。

然而在生活中，并不是人人都懂得"布施"的道理。当一个人以纯净的心去无私奉献、给予时，他的"心"与"意"便会获得无比的欢愉、宁静和幸福。布施，本就是获得幸福的秘诀，它比索取得来的快乐要多。

圣诞节要到了，在大家都期盼着圣诞老人送礼物给自己的时候，8 岁的艾米听到伙伴说世上根本没有圣诞老人，为此，他深受打击。

奶奶问他是不是担心没人会送自己礼物，他说："我不是在担心这个，亲爱的奶奶，我的朋友托马斯家里很穷，他在寒冷的冬天连一件棉袄都没有，我是担心没人会送礼物给他。"

奶奶听完小艾米的话笑了，带着他去商店买了一件夹层棉衣。

然后奶奶开车带艾米来到郊外的这个小朋友的家。他们按了一下门铃，把礼物放在门口，就飞快地躲到了一边的灌木丛中。

很快，托马斯跑过来开了门，接着就听见他兴奋地喊："妈妈，圣诞老人真的送礼物给我啦！"

小艾米躲在一边，笑得更加开心，奶奶说："亲爱的艾米，我想你也知道啦，给予比索取更快乐！"

陶行知先生曾说：捧着一颗心来，不带半根草去。这是一种博大无私的、真正意义上的给予,我们或许没有这么一颗博爱的心,但是我们却可以学会给予,在生活点滴中给他人以布施,奉献出爱心来,捧着幸福回去。

犹太人是世界上最重视布施功德的民族之一。在犹太教的经典中记载:"你能施舍多少钱,就有多少财富。"所以犹太人从小就教育孩子:"慈善救济是一种正义、义务、投资,而不仅仅是基于爱心或同情心。"

一次善意的布施,是黑暗中的一盏明灯,给人带来光明;是冬日里的一把火,给人带来温暖;是沙漠中的一股甘泉,给人久旱后的滋润。布施给人带来希望,也为自己带来快乐。

有个富翁,他有足够的金钱来供自己享乐,可是每次的欢乐之后总是感到莫名的空虚。他渐渐意识到这并不是真正的快乐,在朋友指点下,他决定上山寻求快乐的秘籍。

寺中的方丈听完他的叙述,微微一笑,说:"你的财物足够你今生衣食无忧,但却不能给你带来快乐与满足,这便是人生一大不幸。"

他更虔诚了,忙问:"那我该怎么做才能得到快乐呢?"

方丈说:"布施乃是人性慈悲,何不把多余的财物用来救济穷人呢?"

听了方丈的话之后,他就开始四处散财。他原以为那些被他接济的人会对他感激涕零,可结果,大家只是一句谢谢就完了,然后他更加不开心了。

两个月之后,他再次上山求见方丈。

听了他的牢骚之后,方丈笑笑说道:"你只是散财,并没有布施,当然也不会幸福。"

做善事,首先要有一颗善心,这颗善心首先要是真诚的,不带任何私心杂念的。倘若只是为做善事而做善事,甚至为了其他功利性的目的而为之,这颗心就失去了原来善意的本质,变成了以商业手段来谋取利益,是要不得的。

爱人之间、亲人之间因为浓烈的感情联结,常常会不分彼此地付出和给予。这时候,勇于付出的人往往能感受到与接受的一方同样多甚至更多的快乐。

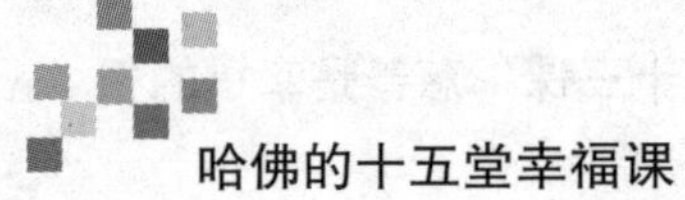

其实,不仅仅是亲人和爱人之间,哪怕是萍水相逢的点头之交,素不相识的过路人,只要是真诚地给予,都能够给付出的一方带来心灵上的快乐。

哈佛幸福笔记:

比尔·盖茨在哈佛大学的一次演讲中提到:“要是你放弃那些你可以帮助的人们于不顾,将受到良心的谴责,只需一点小小的努力,你就可以改变那些人们的生活。知道了你们所知道的一切,你们怎么可能不采取行动呢?”一个人给予另一个人真正的发自肺腑的温暖不可能没有精神的美,所以,让我们学会“布施”吧,为了留下幸福与我们同在。

2. 腾出一只手给别人

对所有人来说，幸福都是个温馨得让人不能拒绝的名词，并不是每个人都渴望拥有耀眼的功名利禄，但每个人都一定会希望能有一份踏踏实实的幸福。

你与人君子之交也好，莫逆之交也罢，忘年之交也行，最重要的，是在你落寞、无助甚至是灰心绝望的时候，有一双手伸到你面前，拉你一把，这是一件多么温馨的事。教皇里奥十三世说得好：没有人富得可以不要别人的帮助，也没有人穷得不能在某方面对他人有所助益，信心十足地要求别人帮助，与慷慨地把它给人，是我们天性的一部分。

但是话又说回来，如果你只想着被给予，而从没有想过要主动付出，在别人顺风顺水之时你陪伴左右有福同享，但在他有了困难之时你却退避三舍，连一双温暖的手都不愿伸出，那又怎么能有真挚贴心的友谊呢？恐怕日后在你遭遇不幸时，连个可以倾诉的人都没有了。

同是垂钓高手的两个朋友相约到河边去钓鱼。

恰逢周末，河边聚集了众多钓鱼爱好者。这两个人凭着自己多年积累的经验，没用多长时间就大有收获。而其他钓鱼的人可就没这么幸运了，费了半天劲也没钓来几条。

这时，其中一位垂钓高手看大家这样沮丧，便说："这样吧，我来教你们我的钓鱼诀窍，但你们每钓到十尾就分给我一尾，不满十尾的就算了。"大家一致赞赏这办法好。

就这样，这位热心助人的钓鱼高手把所有的时间都用于指导垂钓者了。一天下来，虽然自己没有钓到多少鱼，但大家你一条我一条地给他，最后竟收了满满一筐的鱼。不仅如此，他还认识了一大群的新朋友，大家都亲切地称他为"老师"。

而另一位钓鱼高手却没有享受到这种乐趣，当大家围着他的朋友喊"老师"的时候，他越发显得孤单寂寞，一天下来，竹篓里的鱼收获得也并没有朋友多。

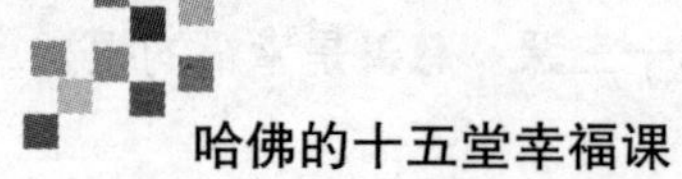

腾出一只手给别人，哪怕仅仅是钓鱼这样的小事情，最终的收获不止是一竹篓鱼那么简单，还有一群真诚的笑脸，一声真心的感谢，一份真挚的情谊。助人即助己，情理之中、意料之外，这是件多么美妙的事情！

腾出一只手给卑微者——赞扬他们；腾出一只手给狂妄者——规劝他们；腾出一只手给奋斗者——推进他们；腾出一只手给绝望者——点拨鼓励拯救他们……

法兰克·薛曼说："在旅途的每个转弯处，有位朋友强壮的手臂，亲切地分担我的重负，助我向前。既然我无黄金以回赠，便只有以爱作为补偿，我唯一的乞求是：当我还活着时——上帝让我配得上我的朋友。"这是一种多么深刻的感悟，这是阅尽人间无数沧桑，看遍一切悲喜所体味到的冷暖。没有付出的人生是惨淡的，没有给予的心灵是灰暗的，没有朋友的世界是凄凉的。

很多时候，我们不懂得，当你在这个时候伸出手给他人一份爱心、一份呵护，下一刻就会得到更多的回馈。

古罗马斗兽场上演的都是人兽相搏的血腥场面，但有一次，嗜血变成了救赎，那情境让所有人都震撼了。

那次，饿了好几天的狮子被放在斗兽场上。当时，缩在墙角的囚徒罗支莱斯战战兢兢，他想这次一定要死无葬身之地了，还是想着快些见上帝吧。

饿极了的狮子一眼就瞅见了墙角的人，它大吼一声之后，便迫不及待地猛扑上去。

罗支莱斯颤抖着反击，狮子灵巧地避开了他刺过去的长矛。然而就在这千钧一发的时刻，狮子突然停止了进攻，它围着罗支莱斯打起了转转，然后竟然停了下来，缓缓地卧在了罗支莱斯身边，温顺地舔着他的手和脚。

全场鸦雀无声。不一会儿，爆发出热烈的欢呼声。罗马皇帝也大为惊讶，叫罗支莱斯上前，询问缘由。

原来在一年以前，罗支莱斯在路边发现了一只受了重伤的狮子，他小心翼翼地给狮子包扎了伤口，并悉心照料它，直到伤口愈合，才送它回到森林。今天，他们在这里重遇了。

听完了罗支莱斯的讲述，罗马皇帝也大为感动，立即赦免了他。

说到底，真正救罗支莱斯的，是他自己，而不仅是那只不失仁义的狮子。正是他自己种下了善因，所以他才收获了善果。

上帝创造人的时候，既给了人聪明的大脑，又赋予了人一双手。这双手辅佐着我们干大事，创造着我们的幸福生活。虽然生活的节奏越来越快，但是，在匆忙前进的道路上，我们的手依然可以去扶一下歪倒的小树，拉一把摔倒的孩子，给寒风中的卖艺人一枚硬币……

伸出一双手，或许这真的只是举手之劳，但正是这一小小的善意举动，能让我们收获到爱、真情、快乐、幸福……

哈佛幸福笔记：

泰勒·本-沙哈尔博士曾经在哈佛的幸福课上讲道："一个真正懂得关心他人，并且时刻感恩的人，必将会拥有更多的快乐。"人生旅途上，身边的朋友也好，擦肩而过的路人也罢，遇上他人有难，不妨驻足停留，递过去一只手，帮别人一下，这种患难之情，足以让走过的每一个日子都熠熠生辉。

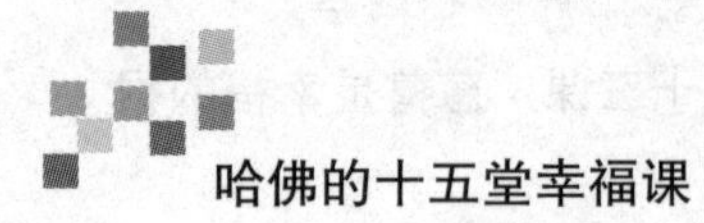

3. 适时表达你的同情

人生在世,难免会遇到沟沟坎坎,我们见到了太多不如意的人,这个时候,我们都不应该藏匿我们的同情心而袖手旁观。诗人顾城说:“你给我金钱,我赞美你,用我的嘴唇;你给我同情,我赞美你,用我的心灵。”在他人面临困难时,就算只有一句安慰鼓励的话,你也要慷慨地给予,或许就是因为这份看似微不足道的同情心,能为他人带来一缕希望的阳光。

泰戈尔在去英国深造之前,曾到孟买的一个医师家里学习英文。

泰戈尔自小由大姐抚养成人,两人的感情很深厚。在泰戈尔学习期间,有次闻讯大姐生病,感到十分难过,也没有心思投入到学习中了。

医师的女儿安娜看到他终日忧心忡忡,坐立不安,经过询问才知道其大姐生病的事。善良的安娜动情地去安慰泰戈尔:“你大姐生病了我也很难过,但你来到这里学习不就是为了抓住这次到外边见世面的机会,成为一个有出息的人吗? 你要做的,不是光顾着难过,而是不能辜负大姐对你的厚望!”

一番话深深地打动了泰戈尔的心,他给家里寄去了一封信,除了慰问大姐的病情之外,还要家人不用担心自己的学习。他终于能安下心来,抓住这次难得的学习机会,来继续完成自己的学业。

可见,一席怜惜同情之语,对一个身处困境中的人具有多么强大的帮扶力量。它如同燧石一般,敲击出温暖的火花,让一颗暗淡的心顷刻间阳光明媚,暖阳普照。

适时地表达你的同情,或许是跌倒时一双温热的手,或许是悲伤时一个宽厚的肩膀,或许是孤独时一小时的陪伴……细微之处见真情,莫因善小而不为。让你的同情在给予他人的时候开出红艳艳的花朵来,而千万不能让它一直隐匿在最深处,时间久了,它会因得不到阳光的爱抚而枯萎。

不要时过境迁再安慰，更不要火上浇油惹是非。这样不仅会使一份善意的同情失去意义，而且会使朋友已经平复的心灵重又勾起伤心的回忆，说不定还会演变得更糟糕。对于遭受失败与挫折的人的安慰，要选择对方最敏感、最易动情的时候进行。

一位屡战屡胜的运动员，在一次世界锦标赛中因失误与奖杯擦肩而过。

看着身边拿了奖的运动员在兴高采烈地接受一束束鲜花和记者采访时，她悄悄地低下头，不觉一阵心凉，夹杂着深重的失落感。

这时，机场的服务员送来一束鲜花，她有些吃惊地说："不，我不配，我是个失败者！"

服务员说："不，你同样用尽了汗水和力量。失败和胜利同样重要，你应该抬起头，失败已经属于过去，未来才是属于胜利的！"

霎时，这个运动员涌出一股热泪，十分激动地握着服务员的手说："谢谢，谢谢！"

这个好心的服务员在对方最失落的时候，送来了一束鲜花。想必心情再黯然的人看到一束开得正好的鲜花，内心多少都会涌起感动与喜悦吧。更何况还有一番安慰鼓励的话语，用一句广告语说就是：暖暖的，很贴心。

给予他人一次小小的同情就如同撒下一粒小小的种子，在我们不经意间它已经在萌芽、成长，给他人以希望，给自己以快乐。下次在下班回家的路上，遇到摆地摊的，又恰巧遇上了自己喜欢的小物件，买就买了，别为一块八毛的讨价还价，家境哪怕好一点，谁会大冷天的夜里摆地摊；遇到学生出来勤工俭学的，能帮衬就帮衬些，出来打工也是需要勇气的。

古人说：哀莫大于心死。一个人没有同情心，他的心一定是死的，还有什么比心灵死亡更可怕呢？一个富有同情心的人，心中必定有爱，爱使人变得幸福，变得尊贵。一个贫穷的人有了同情心会变成心灵的施舍者，成为富翁；而一个物质上的富翁，纵有万贯家财，没有怜爱之心，他的心灵世

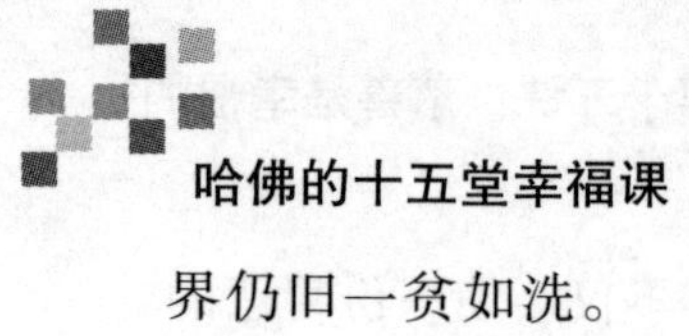

界仍旧一贫如洗。

哈佛幸福笔记：

美国文学家亨利·戴维·梭罗说："善行是从不失败的投资，就像种子总有发芽的一天。"适时地向他人表达我们的同情，就是一次美好的善行之旅。当我们学会用同情的眼光来审视这个世界上受苦的人时，我们的世界也从此变得洁净。用一颗同情心对待每一天，我们也会体会到清澈的幸福。

4. 幸运源于爱心的馈赠

在我们的生活中，随着学习和工作压力的递增，人们已经被一层一层的习惯和世故压得喘不过气来。在这样一个快节奏的氛围里，人情也随之逐渐变得冷漠。我们的眼睛只关注眼前，只要不威胁到自己的利益就好，秉承着“各人自扫门前雪，休管他人瓦上霜”的理念，枯守着斑驳的岁月，度过了一个又一个没有生机与乐趣的日子。

其实，许多人都不知道，快乐与幸福是在不断付出的爱心中得到的。很多时候，我们在付出了自己的爱心之后，一个转身，就恰巧遇上一份回赠的礼物。甚至，它的贵重超乎了想象。

里希纳的家靠近大海，村里祖祖辈辈都以打鱼为生，他自小也跟父亲出海学习捕鱼技术。可近来他却迷上了打猎，常常偷偷溜到附近的山上去寻找猎物。

听老人讲，山上常有野猪出没。这句话让他眼前一亮，于是下定决心要去碰碰运气。

那天天还没亮，里希纳瞒着父亲悄悄起床，带上猎枪就上山了。

搜寻了半天，连野猪的影子也没看到。眼看着出海的时间马上要到了，他只好带着一身的疲惫和沮丧无奈地回家。

走到半山腰，隐约听到微弱的叫声，像是野猪。他立刻兴奋起来，循着声音找去。

果然，一只小野猪陷在泥沼里，它已筋疲力尽，只剩头部露在外面，陷在那儿无法动弹，眼神里充满了绝望。这是意外收获，里希纳喜出望外，迅速举起猎枪对准了野猪。

野猪当然不明白，那支乌黑的猎枪对它意味着什么。它直直地盯着面前的陌生人，眼睛发出兴奋的光芒——竟然把里希纳当成了救星。

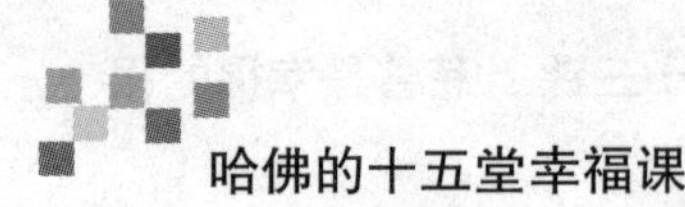

里希纳端着猎枪犹豫了，思前想后，里希纳叹息着放下猎枪，转而想办法营救野猪。

他抛下绳子，费了一番周折套上了它的脖子，小心翼翼地往上拉。经过反复努力，终于把野猪救了上来，而这时已经误了下海的时间。里希纳浑身沾满污泥，坐在地上大口喘气，开始思索如何应付父亲的责罚。

突然，远处传来天崩地裂般的轰隆巨响，回头望去——十几米高的巨浪冲上海岸，铺天盖地而来，山下的村庄瞬间被吞噬。里希纳惊恐万分地看着眼前发生的一切，浑身颤抖。

举世震惊的印度洋海啸中，他是全村唯一的幸存者。

这是一个真实的故事，里希纳就住在印度尼西亚苏门答腊岛班达亚齐。原本带着猎枪去打野猪的他，为了救野猪耽搁了下山时间，幸运地逃过灭顶之灾。究竟是人救了动物，还是动物救了人，很难说清。或许有人说里希纳得以大难不死实属巧合，可如果不救野猪，巧合会发生吗？

大家都说："幸运，源于爱心的馈赠。"在生活中，无论在任何场合，只要我们有能力，就应该用行动表达我们的爱心。其实，爱心就像一瓶香水，只有将盖子打开，香气才会弥漫出来，香了别人，也醉了自己。

琼斯要面试当佛罗里达州慈善会的一名女性慈善形象大使，一路过关斩将，终于杀到了最后一关——文化知识笔赛。

在大家都在安静地答题时，一名少女突然站了起来，焦急地对监考老师说："我的笔坏了，能不能借我一支。"

"可是我没有带笔。"监考老师一边回答，一边问："你们谁带了笔，借一支给她好吗？"

大家都默不作声。

缺笔的少女一筹莫展，更加着急了。就在这时，一位考生站了起来，将一支笔递了过去："我有支多余的，给你用吧。"

考试结束后，琼斯长长地舒了口气，对于这次决赛，她稳操胜券。

两天后，慈善会公布的录取名单上并没有琼斯的名字。她打电话过去询问，负责人解释说：

“那位缺笔的少女，是有意安排的，目的是为了测试爱心。想想，一个目睹别人有困难，却不愿伸出援助之手的人，她能从事慈善事业吗？能成为一名合格的慈善事业形象大使吗？我们录取的，就是那位乐意借笔的少女。”

很多时候，帮助别人其实就是帮助自己。一个人只要参透了这层道理，就能把帮助别人视为理所当然、天经地义，就不会带有任何功利色彩。幸福与快乐并不像我们想象中的那么复杂，只要你随时胸怀一颗爱心。

哈佛幸福笔记：

特蕾莎修女说：“我们常常无法做伟大的事，但我们可以用伟大的爱去做些小事。”很多时候，我们羡慕那些“幸运”的人，其实上天是公平的，没有平白无故的幸运，更没有无缘无故的不幸。当我们常怀一颗爱心，竭尽所能去付出给予时，生命会回赠我们丰厚的礼物。

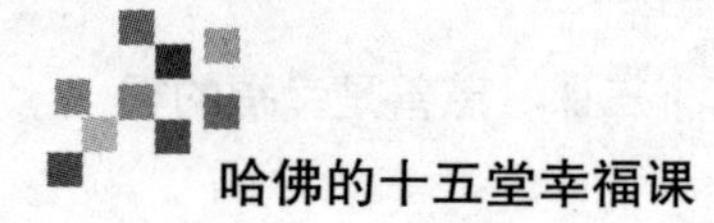

5. 不想回报地付出，收获更多

就如哈佛大学泰勒·本-沙哈尔提出的一个命题那样："生命的终极目标应该是幸福，一个高于其他目标的总目标。"但是光想着每天都有一箩筐的快乐却无任何作为，显然是不现实的，我们要用自己的行动来引领自己真正步入快乐幸福的殿堂。

那么怎样才能使我们的生活充满鸟语花香，让我们有情趣雅致来细数生命中每一刻的美好时光呢？卡耐基给了我们一个很好的解答，他说："寻求快乐的一个很好的途径是不要期望他人的感恩，付出是一种享受施与的快乐。"

确实如此，一次善意的付出，让我们收获到成倍的惊喜。

故事发生在美国费城，一个大雨倾盆的午后，一位老妇蹒跚地走进费城百货商店避雨。面对她简朴的装束，所有的售货员都对她视而不见。

一个年轻人走过来，诚恳地对她说："夫人，我能为您做点什么吗？"老妇人莞尔："不用了，等天晴了我就走。"说着便开始在店里转起来，想着哪怕买个小饰物，也算给自己的躲雨找个心安理得的理由。

正当她徘徊不定时，小伙子又走过来，说："夫人，您不必为难，我给您搬了一把椅子，放在门口，您坐着休息就是了。"两个小时后，雨过天晴，老妇人向那个年轻人道谢，并向他要了张名片，就颤巍巍地走出了商店。

几个月后，费城百货公司的总经理詹姆斯收到一封信，信中要求将一位名叫菲利的年轻人派往苏格兰签订一份装潢整个城堡的订单，并让他承包自己家族所属的几个大公司的下一季度办公用品的采购。

这封信出自一位老妇人之手，而这位老妇人正是美国"钢铁大王"卡内基的母亲。

随后的几年中，菲利以他一贯的忠实和诚恳，成为"钢铁大王"卡内基的左膀右臂，事业扶摇直上、飞黄腾达，成为美国钢铁行业仅次于卡内基的重量级人物。

怀有一颗仁爱之心，不求回报地付出，结果往往会得到更多。就像你在举手投足之间，无意中撒下一颗关爱的种子，有一天，当它成长为参天大树并为你带来丰硕的果实时，你才会恍然大悟：原来，你赋予他人的小小的慈爱和真诚竟可以为你带来如此多的收获。

人们经常会问：我在“付出”之后能“收获”什么呢？如果你还没有付出就想着收获，可能是真的什么也收获不了；而如果你付出时心甘情愿，根本没想到收获的话，最后，你收获的价值很有可能比当初的付出更多。

几年前，摄影师杰弗逊为了寻找拍摄素材，游走在美国各城市之间。在西雅图，他遇见了面带微笑向路人乞讨的兰迪·麦克理。

杰弗逊突然觉得兰迪是一个很好的拍摄素材，于是同兰迪谈了谈，兰迪也很痛快地答应了被拍摄。

兰迪像往常一样乞讨，杰弗逊则躲在暗处拍摄，就这样一直持续了两天。直到第三天下午，来了一个梳着小辫的六七岁的小姑娘，她走近兰迪，从后面轻轻拽了拽他的衣角，伸手将一个东西放到他的手心，刹那间兰迪喜笑颜开。只见他马上伸手从口袋中掏出什么放进小姑娘的手里，小姑娘也顿时兴奋不已，欢蹦乱跳地向不远处一直望着她的父母跑去。

这个情景是杰弗逊没有料到的，他激动地连连按下快门，当时他很想立刻从隐蔽处跳出来，看看一个乞丐和一个小女孩究竟交换了什么神奇的东西。

工作结束后，杰弗逊终于向兰迪提起困扰了他一整天的问题。

“很简单。她走过来，给了我一枚硬币；反过来，我又送给了她两枚。”

面对杰弗逊的疑惑，兰迪·麦克理摊开双手解释道：“我想告诉她，你付出了，你就会收获更多。”

连乞丐都懂得的道理，你我却不一定懂得。对于付出这种行为，我们往往

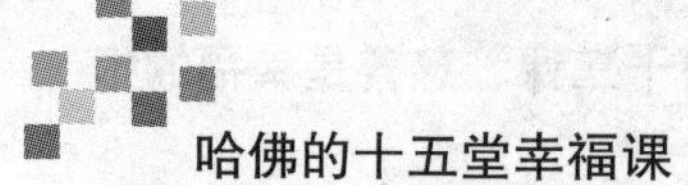

耿耿于怀的是“付出”,“收获”却没有着落。

通常,一些希望成功的人总会不遗余力地获取“得到”的机会,而一些并没有妄想着要平步青云的人,则会“傻傻地”抓住一切“给予”的机会。也许就是这样微不足道的、自愿的“给予”,已然悄悄地为更大的“得到”埋下了伏笔。因为,“给予”是难得的,“给予”的时候根本就没想“得到”就会更加难得——只有那些胸怀博大的人才可能这样做。

哈佛幸福笔记:

诗人泰戈尔用这样美妙温暖的句子描述付出:“埋在地下的树根使树枝产生果实,却并不要求什么报酬。”无条件地去付出,永远会获得更多,太贪婪地刻意获取,结果总会落空——上帝不会奖励贪婪的人。不讲回报的付出是一种智慧,正所谓“行得春风有夏雨”。

幸福小测试:你是一个爱计较的人吗

你到一家知名的瘦身中心,打算做一次全身的减肥计划。你觉得替你做专人服务的小姐属于哪一种类型?

A. 甜美型

B. 气质型

C. 美艳型

测评解析:

选 A 的人:

你表面看起来很随和,其实在内心世界里,却是一个很在意小地方、心胸狭窄的人。或许有时候你是因为看不惯一些不公平的事而直接表达出心中的不满,让别人认为你太爱计较。不过大部分的情形还是因为你本身的个性就是比较放不开的。

选 B 的人:

你的作风十分海派,和朋友在一起的时候,出手也很大方,所以人际关系很不错。你觉得吃亏就是占便宜,凡事只要尽心尽力去做,结果如何并不重要,争权夺利或一味强求的事,你是做不出来的,大家都知道你是一个好人,不会记仇,你也不会嫉妒别人,很容易满足。

选 C 的人:

你给别人的第一印象是很精明能干,不论大事或小事,你都能轻易搞定,可是那只是你的外在个性。你在帮别人做事时,努力地把它做到完美,所以会显得斤斤计较、要求很多;但是平时生活中的你却是一个别人说什么都可以的人,差异很大,有时会让人很不适应。

第十四课

面对而不是逃避压力

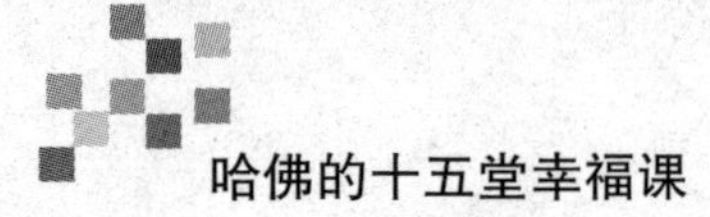

1. 别让压力夺走幸福

英国时间专家格斯勒曾说:“我们正处在一个把健康变卖给时间和压力的时代。”值得一提的是,这种变卖根本不需要任何契约,完全是以一种自愿的方式把我们的健康甚至幸福抵押出去的。

人,哭着喊着跑到这个世界上来,面临的首要问题就是生存。要生存,就必然遇到竞争;有竞争,就必然有压力。所以,只要我们选择活着,就注定要承受生存所带来的各种各样的压力:升学、就业、晋职……不一而足。面对压力的侵犯,我们只有勇于正视并学会承受它,才能以一种饱满的热情来迎接生活中的风风雨雨。反之,若是一味地逃避、刻意地忽视,只会让它趁虚而入,连幸福的权利都被剥夺了。

调查显示,工作压力正日益成为美国家庭破裂的一个重要原因。在接受 MK Consultants 调查的 305 位已婚职员中,约有 1/4 的人称,工作压力是产生婚姻问题的一个因素。

卡罗林和丹结婚之初和谐默契,兴趣相投。而自从他们都找到新的职位以后,工作与家庭开始失衡。丹担任一家公司的销售部经理,每周工作 80 小时,承受着巨大的工作压力。他说:“我一回到家,工作时积聚的压力就可能随时爆发出来……”而卡罗林成为广告撰稿人的销售代表,同样大的压力让她每天都筋疲力尽。

生活的情调荡然无存,一系列的压力与疲惫接踵而至,终于,卡罗林不堪重负向丹提出离婚。万般无奈之中,丹求助于心理专家。在专家的帮助下,丹认识到,工作压力压抑了他的热情和爱,向卡罗林表述关怀非常重要。

此后,两人每天互通电话,努力了解并满足对方的需要。丹惊奇地发现,一些诸如喝杯咖啡这样的小事,带来的感觉都是那么妙不可言。丹说,过去,生活对他的意义是实现目标,而现在他懂得放松自己和享受生活,无论在工作中碰到什么事,有多么恼怒、沮丧,都设法就地处理……

“当你承受压力时,首先感到愤怒,”卡罗林说,“但你没有意识到,这好比池塘表面的一层冰,下面仍然流动着你的爱。”

中材国际招聘培训主管王利民坦言,面对压力,保持一个良好的心态非常重要。变被动为主动,就是一个有效的办法。“如果你对所从事的职业感兴趣,不管干多久,可能都不会觉得累。但如果只是迫于房贷、车贷这样的生活压力而被动去工作,就算工作时间再少,也是一种煎熬。”

一位名叫伯尔哈德·沃尔曼的企业家举办了一场研讨会,畅谈他想建立世界上首家缓慢主题旅馆的设想。

“现在大部分人们的假期也都充满了压力,”他说,“假期往往始于飞机或汽车,紧接着是走马观花地奔走于各个景点。在网吧查看电子邮件,在旅馆看新闻或MTV,用手机跟家里的朋友和同事联系,最后当你返回家中时已经疲惫不堪。”

他的这家酒店将坐落在奥地利国家公园。游客将乘坐蒸汽火车来到附近的村庄,然后步行或乘坐马车来到酒店。在这里,一切引发匆忙的技术,包括电脑、汽车等,都将禁止使用,游客们将享受简单而舒缓的娱乐,如园艺、徒步旅行、阅读等,他们将谈论时间、速度、缓慢等话题。

正当沃尔曼向大家大谈他的设想蓝图时,有人提出异议:“酒店太过于商业化了!”但沃尔曼边嚼着苹果派边说:“在当今世界,人们都非常渴望放慢节奏。我认为已经到了让酒店真正成为客人全方位放慢节奏的场所的时候了。”

快乐是需要理由的,不快乐也是需要理由的。关键是,你是否主动去寻找那些快乐的理由。对于现代人而言,平衡压力指数,更要平衡内心,“压力山大”,也别奴役自己的幸福生活。

哈佛幸福笔记:

泰勒·本-沙哈尔教授说:“在追求有意义而又快乐的目标时,我们不再是消磨光阴,而是在让时间闪闪发光。”压力打乱了生活的安逸,偷走了我们的得意与欢欣,给心灵一些自由呼吸的空间吧,别让压力夺走了你的幸福。

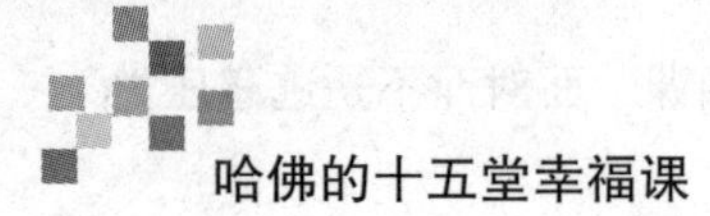

2. 不要强迫自己做到最好

希望自己的形象变得完美一点，希望自己经手的事情做得完美一点，希望每一天都有一个完美的收场，乃至这一生的终结都会画上一个完美的句号……我们都希望自己能做到最好，论才识、论样貌、论能力，样样不甘居于人后，更不能让自己稍逊风骚、遗恨万年。

我们走进了"完美"的怪圈，就如同掉进了一个漂亮的泥潭。随之而来的是各种压力、紧张、惶惶不安，脆弱的神经备受折磨。有人说："完美是毒药。"我们在"最好"的驱使下，承受着来自生活中各种各样的压力，这终究会令我们不堪重负，濒临崩溃。

汤米大学毕业后，凭着优异的成绩被一家知名服装杂志社录用做某板块记者。

在学校里门门功课都是第一的汤米，在刚来杂志社的第一天就给自己订下一个"超级目标"——要让自己负责的板块成为社里的领头羊。

由于各栏目的成绩都是不相上下，而且每个板块都有固定的读者群，要想打破这个现状，将别的板块比下去，并非易事。为了这个目标，汤米全身心投入到工作中去，然而没日没夜的工作，让他感到压力空前的大。

汤米不肯服输，发誓一定要做到最好。于是，他牺牲了午休时间，甚至连休息日都要走上街去，做调查，搞回访，写研究报告，分析市场需求……明明只是一个单纯的记者工作，他却非要扛起一项似乎不得不扛的重担。

他说："我现在满脑子都是工作，其余什么心思都没有，连出去玩玩都会有负罪感，但是同时也感觉到疲劳不堪。"

每天这样持续的心理压力，使汤米的精神越来越颓废，而且感觉越来越疲劳。每天他强迫自己走到街上做采访，却变得心不在焉，感觉到深深的疲累，苦不堪言。

一项报告显示:疲劳是大部分人产生厌倦或者痛苦情绪的最主要原因。很多人长年累月地在快节奏的生活里打拼,为了能处处争优,时时领先,不肯有丝毫懈怠。这样持续的忙碌,这样苛刻的自我要求,只会让我们的压力越来越大,生活也将变得苍白乏味,不再鲜活。

世上根本就没有绝对完美的人生,所谓的"完美"只是一个华美的陷阱,一旦沦陷,压力便接踵而至,赶走了你不多的快乐。要允许生命和身边的事情有瑕疵,不要因为生活中一个小小的"斑点",而毁掉你所有的快乐。

詹姆士是墨西哥高原上的果农,每年他都把成箱的苹果以邮递的方式零售给顾客。

一年冬天,墨西哥高原下了一场罕见的冰雹,将一个个原本色彩鲜艳的大苹果砸得伤痕累累,詹姆士心痛极了,心想这下可完了,所有的收入与顾客都泡汤了!懊恼之余,他抓起一只受伤的苹果狠狠地啃了一口,突然发现,这苹果比以往得更甜、更脆。

第二天,他把苹果装好箱,并在每个箱子里都附上一张纸条:这次奉上的苹果虽然有些丑,但因为高原冰雹的锤炼,让它产生了一种风味独特的果糖。

结果可想而知,这批长相丑陋的苹果挽救了几乎要赔掉了一切的詹姆士。

生活中尽善尽美的事情少之又少,往往都有这样那样的缺陷,让我们深深遗憾。对于一个苹果的长相我们还能有微词,更何况是自己的人生。但是不幸的是,期望越高,往往失望就越大。由于要求过高,给自己施加了过多的压力,使手脚连同心灵都受到束缚,以致一事无成百不堪,输掉了自己最宝贵的幸福。

事事追求完美并不是值得称赞的做法,我们都相当不完美,但是正因这些不完美才塑造了我们的与众不同,使我们变得独有、稀缺起来。就像那些长相不堪的苹果,其实也是内秀其中。卢梭说过:"大自然塑造了我,然后把模子打碎了。"但是,往往有许多人违背自我,以别人眼中的"完美"来作为自己的目标,

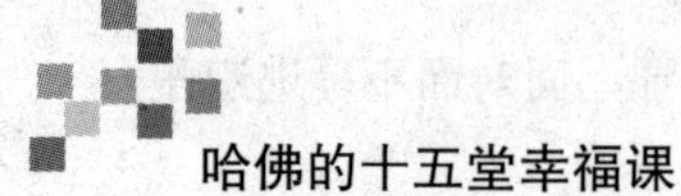

肯定会有方方面面的压力来袭，以致活得很累。

哈佛幸福笔记：

泰勒教授说："我们所处的社会环境和文化背景是这样的：假如孩子成绩全优，家长就会给奖励；如果员工工作出色，老板就会发给奖金。人们习惯性地关注下一个目标，导致终生的盲目追求。"但是，目标与现实往往有落差，如果抱着完美理想不放手的话，定会招惹来无穷无尽的压力；若能在完美与不完美之间找出一个平衡点，将会轻松快乐很多。

3. 雪松的智慧——有弹性的人生更精彩

在标榜自由至上的美国，当被问道："生活中有压力吗？"时，79%的人都纷纷点头称是。调查显示，一般的上班族到医院看医生时，医生经常对他们说的一句话就是："不要有太大压力，放松一些。"

压力无处不在，我们在竞争日益激烈的今天，被这个看不见摸不着的东西挤压得变了形。若是想要挣脱压力的束缚，给自己松绑，就一定要学会给自己减压。不然，这种压力只会得寸进尺，愈演愈烈，最终让我们付出沉痛的代价却仍是哑巴吃黄连。

在加拿大的魁北克市有一条南北走向的山谷。山谷没有什么特别之处，唯一能引人注意的是它的西坡长满了松、柏、女贞，而东坡却只有雪松。这一奇异景色，让许多人不明所以，直到有一年，一对夫妇揭开了这个谜。

那是一年的冬天，他们的婚姻正濒临破裂的边缘，两人决定做最后一次浪漫之旅，然后就友好分手。当他们抵达这个山谷的时候，鹅毛大雪飘忽而至。望着漫天飞舞的雪花，他们发现由于风向的原因，东坡的雪总比西坡的雪来得大，来得密。不一会儿，雪松上就积落了厚厚的一层雪。不过当雪积到一定的程度，雪松那富有弹性的枝丫就会向下弯曲，直到雪从树枝上滑落下去。这样反复地积，反复地弯，反复地落，雪松依然完好无损。可其他的树，如那些松树，因为没有这个本领，树枝被压断了。

妻子对丈夫说："东坡肯定也长过很多杂树，只是由于它们的枝条不会弯曲，所以它们才都被大雪摧毁了。"丈夫点头赞同。少顷，两人像突然明白了什么似的，紧紧拥抱在一起。

丈夫兴奋地说："我们揭开了一个谜——对于外界的压力要尽可能地去承受，在承受不了的时候，学会弯曲一下，像雪松一样让一步，这样就不会被压垮。"

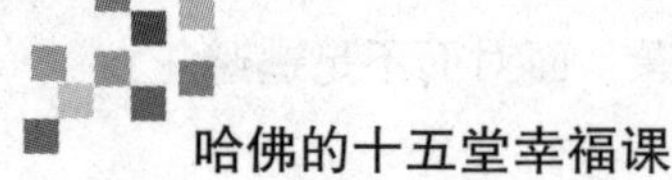

生活中的压力也如同这积雪，一点一点累积下来，总会把我们压弯了腰。这时候，我们需要像雪松那样弯下身来，释下重负，才能够重新挺立，避免被压断的结局。树弯一弯，生命鲜活如初，终会等来灿烂的阳光；人生缓一缓，将压力轻轻卸下，便可以找寻到真正的幸福。

生命需要张力，苦难需要承受，将压力化解，一切风轻云淡，世界依然美好，幸福不期而遇，快乐撞你满怀。弯曲，是一种生活的智慧，有弹性的人生，阳光与温暖自会垂青于你，生活自会丰盈和精彩！

富兰克林在一家公司任职，一次董事会上被提名升职为主管，然而，一个与他竞争的同事，当场罗列出他之前工作的所有失误。于是，他升职的希望瞬间破灭。

最不能容忍的，还是妻子对他的不理解。

精神几乎要崩溃的富兰克林去看心理医生。

那位心理医生并没有作太多的解释，而是出去了一会儿。回来时，手中多了一个细细的橡皮圈和两个带挂钩的砝码。当着他的面，医生把那两个砝码挂在了橡皮圈上面。那两个砝码的重量，几乎把橡皮圈绷紧到了极限，稍一用力，就有断裂的可能。

医生问道："你的同事升职了吗？"他摇了摇头。医生随手摘下了一个砝码，橡皮圈顿时弹回去了一大半。接着又问："你与妻子的感情到了无可挽救的地步了吗？"他又摇了摇头。医生畅然地笑了起来，又把另一个砝码从橡皮圈上摘了下来，橡皮圈恢复了原状。

"现在，你已经没有一点儿负担了，又恢复了原先的弹性，你还是那个完整无缺的'橡皮圈'啊！"听到这儿，富兰克林才恍然大悟：是啊，只要摘下生活中那些缺少价值的砝码，我们的生命又恢复了原先的弹性！

心脏病专家童嘉毅博士指出："高压力人群要学会自我排解压力，毕竟身体健康没有了，其他都无从谈起。"感觉到压力大时，不妨听听轻音乐、看场电影、做个短途旅行……劳逸结合，适时解压，才能活得更快乐。

其实，压力这个东西可大可小，是我们的心态一不小心将之放大了。与其背负着它上路，还不如学学雪松的智慧，弯弯腰，将它抛开，直起身来看看身边的美景、花丛中飞舞的蝴蝶，你会发现，世界也如花儿一样，开得无比绚烂。

哈佛幸福笔记：

泰勒·本－沙哈尔在其幸福课上曾说过："获得幸福需要很多方面的努力，而运动却可以让你最快捷地体验幸福。"在压力日益沉重的今天，我们不妨借鉴雪松的弯腰智慧，用适当的运动来丢掉这个负荷，散散步，走走路，紧绷的神经得以舒缓，眼中的世界也随之变成一片艳阳天。

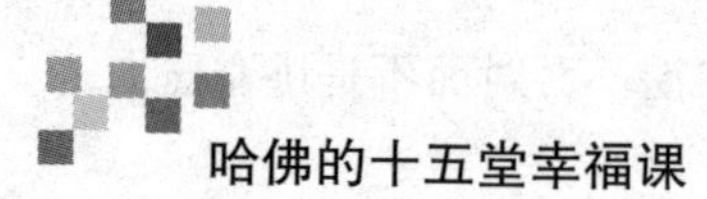

4. 在感到疲劳之前休息

有一篇文章叫《学会站着睡觉》，书中阐述了这样一种现象：许多人都很羡慕哈佛毕业生能够通行世界，却不知道哈佛给学生的告诫是——如果你想在进入社会后，在任何场合下都得心应手，并且得到应有的评价，那么你在哈佛就没有晒太阳的时间。这正好验证了在哈佛广为流传的一句格言："忙完秋收忙秋种，学习，学习，再学习"。

很多人为了学习、就业、工作而奔波忙碌，即使早已被这样的生活折磨得疲惫不堪，但仍然坚持不懈地奋斗在工作岗位上。表面上看是珍惜时间，实质上工作效率总是不尽如人意，健康也深受威胁。因此，在疲劳之前适时地休息，是缓解压力的一种很重要的方法。

卡特在哈佛大学毕业后，在一家软件公司任高级工程师。因为过大的工作压力，卡特经常有一种错觉——觉得自己快要死了，他还为自己选购了一块墓地，甚至还为葬礼做好了一切准备。

在朋友的劝说下，他决定去看医生。根据他呼吸急促、心跳加快的症状，医生很轻松地告诉他："年轻人，这没什么大不了的，你只是工作压力太大了，需要休息。"卡特听了医生的话，请了一周的假在家休养。

然而一周下来，他的病情不仅没有得到任何改善，呼吸和心跳反而都加快了。

卡特感到整个人都快要崩溃了。这时一位朋友对他说："也许你可以到哈佛找幸福课教授本－沙哈尔聊聊，他是个很有趣的人，或许可以帮助到你。"卡特听从了朋友的建议，他来到哈佛大学，找到了沙哈尔教授，并且说明了来意。

在听了卡特的话后，沙哈尔教授对卡特说："你没有什么大病，这只是工作压力和过度忧虑造成的。当你再感到呼吸困难的时候，可以向一个纸袋里呼气，同时要放松——这也是一种休息。"

卡特回家后就遵照沙哈尔教授的嘱咐行事，放松下来，不再忧虑，不久，他的呼吸和心跳都恢复正常了。

美国汽车大王福特将工作巧妙地比喻成开车，说：“只知工作而不知休息的人，有如没有刹车的汽车，极为危险。”卡耐基也说：“休息并不是浪费生命，它能够让你在清醒的时候做更多有效率的事。”要防止疲倦和忧虑，一定要做到经常休息，并且要在疲倦之前，因为疲倦的增加速度非常快。

石油大王约翰·洛克菲勒曾创造了两项惊人的纪录：他赚到了当时全世界为数最多的财富，他活到98岁。他是如何做到长寿的呢？除了他出身于一个“长寿家族”外，另外一个很重要的原因是，他每天中午都会躺在办公室的大沙发上睡半个小时午觉。他曾调侃地说：“在睡午觉的时候，哪怕是美国总统打来的电话，我都不接。”

有这样一节缓解压力的培训课：

培训师拿起一杯水，问台下的听众：“各位认为这杯水有多重？”有人说是半斤，有人说是一斤，众说纷纭，有人甚至还要拿测力计来称量。

培训师说：“这杯水的重量并不重要，重要的是你能拿多久。拿一分钟，谁都能做到；拿一个小时，可能觉得手酸；拿一天，可能就得进医院了。拿得越久，就越觉得沉重。这就像我们承担的压力一样，如果我们一直把压力放在身上，到最后肯定会觉得压力越来越沉重以至无法承担。我们必须要做的是，在感到撑不下去之前就放下这杯水，休息一下后再拿起来，如此我们才能拿得更久。同样的，各位应该将承担的压力在承受一段时间之后适时地放下，好好休息，待到重新拿起来之后，或许它就不会再像先前那样糟糕，如此才能承担更久。对待压力，一定要在不堪重负之前就休息。”

人生一旦失去健康，一切都会化成泡影。如果长期透支健康，最终必将失去健康，远离幸福。要知道，不会休息就不会工作，在感到疲劳之前先休息，才

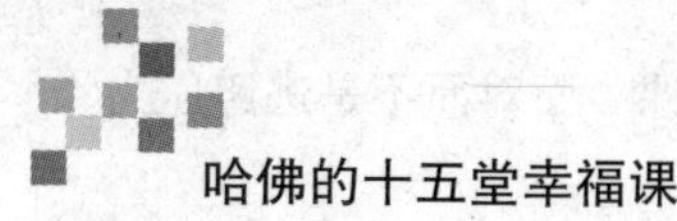

能有更多的精力将工作完成得更好。

网络上有句话说得好:生活要淡定,有钱没钱,不能太亏待自己。不能等到饿了才吃饭、困了才睡觉、累了才休息,凡事提前一点,生命靠后一点。

哈佛幸福笔记:

在泰勒·本-沙哈尔教授的幸福课中,有人曾经这样提到过:"幸福首先在于健康。"人生的旅途很漫长,一个人如果背负了太重的行囊,就很容易因为过度劳累而致身体衰竭。要想真正拥有幸福美满的人生,就必须做到身心合一,困了就睡,累了就停,这样才能有充沛的活力来追寻幸福。

5. 与压力温和相处的智慧

据有关统计,在美国,有一半成年人的死因与压力有关;企业每年因压力遭受的损失达1500亿美元,其原因在于员工缺勤及工作不积极而导致的效率低下。

在英国,每年由于压力造成18亿个劳动日的损失,企业中6%的缺勤是由与压力相关的不适引起的。

在挪威,每年用于职业造成生理和心理疾病治疗的费用达国民总值的10%……

压力无国界,全球共抗之。但是,压力不能凭空消失,也不可能轻易就成了我们的“手下败将”,在很大程度上,我们还是要学会与之和谐相处。

著名小说家薇姬·鲍姆有一回摔跤伤了膝部和腕部,有个当过马戏班的小丑的老人走过来把她扶起,一面帮她掸掉身上的灰土,一面说:“你之所以会受伤,是因为你不懂得怎样放松自己,你要把自己当成一只旧袜子一样松弛,就不会被压力催得摔了跟头。”

“旧袜子?”薇姬很吃惊。

老人笑了,说:“来,我教你怎么做。”

在老人的带领下,薇姬学着他的动作,怎么跌倒,怎么前翻滚、后翻滚。他不停地叮咛:“把自己想象成一只松垮垮的旧袜子,你就一定会松弛下来!”

超高速运转的轮胎不会一直收放自如,绷得过紧的琴弦不会一直柔韧完好,同样,一个处于超负荷压力之下、日夜高度紧张的人不会永远健康有活力。把自己想象成一只旧袜子,松松垮垮,张弛有度,自然也就没那么多担心和忧虑了。

林肯说:“消灭敌人最好的方式是将他变成朋友。”对待压力,如果我们能与

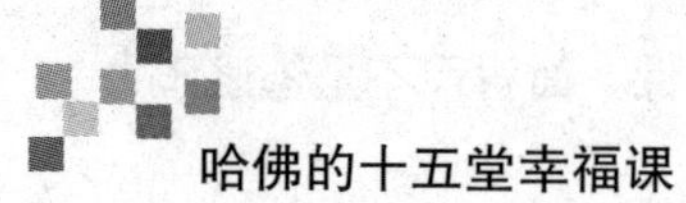

之化干戈为玉帛、握手言和的话会皆大欢喜。那么,怎样才能做到与压力温和相处呢?

第一,要有一颗平常心。

无论你是高居庙堂还是远处江湖,是老板还是员工,我们都是芸芸众生中的一员,都无一例外地承担着形形色色的压力。这时,拥有一颗平常心尤为重要。

你刻意追求的东西或许一辈子都得不到,而你期望的灿烂反而会在平淡中不期而遇。不要与自己过不去,这样只会徒增烦恼。更不要把目标定得高不可攀,不然只会连连受挫,最终失了信心与动力,更会使压力倍增。生活就像穿鞋子一样,舒服与否,只有自己知道,最适合自己的才是最好的。

第二,慢一点,再慢一点。

1989年,意大利饮食评论家卡罗·皮逖尼呼吁:“即使在最繁忙的时候,也不要忘记享受家乡的美食”,并倡议通过了《慢餐宣言》,“慢餐国际组织”应运而生。从此,“慢生活运动”在欧洲一发不可收拾。

我们越来越不能忽略来自内心对“慢”的渴望。我们曾经摇着蒲扇坐在庭院中的葡萄架下听奶奶讲故事,曾经整个晚上都在与朋友闲话。如今为什么不能花60分钟去慢慢地散一场步,花两小时去久违的电影院看场电影,花7天住在一个地方慢慢看风景……

生活慢下来,堆积的“压力山大”也会在这样舒缓的节奏中,渐渐被磨合成一条宁静的溪流。

第三,化压为动。

泰戈尔说:“我们错误地理解了世界,却说世界欺骗了我们。”我们为自己创造了压力,却说压力使生活变得痛苦,这是多么荒谬。正是压力推动着时光的车轮不断前行,我们才能享受到那么多的舒适与美好。

压力困扰着我们的身体,是为了让我们对待生命的态度认真起来;

压力打乱了生活的安逸,是为了让时光更加缤纷多彩;

压力改变了环境,是为了提醒我们要珍惜一切存在的美丽……

压力不是魔鬼，而是我们生活道路上的伙伴，形影不离，同甘共苦。

这样想着，压力是不是就不再如此不堪了呢？

与压力和平共处，温和从容，岁月静好，才能找到内心的安宁与幸福。

哈佛幸福笔记：

在哈佛幸福课上，泰勒教授说："和自己的内心沟通，就像盖房子打地基一样，打好地基再盖房子才能更稳固。同样，只有和内心沟通良好，才能开始构建与他人的关系。"对待压力也是同样的道理，智者乐于与之为伍，用一种从容的豁达，为生活添上神来之笔。

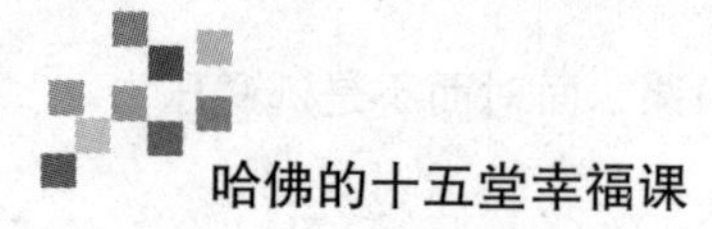

幸福小测试:你是高压一族吗

想象一下,假如你现在要冲一杯美味可口的热朱古力，而面前有不同颜色的杯及调棒，你会选择以下哪一种组合?

A. 红色杯 + 红色棒

B. 淡紫色杯 + 淡蓝色棒

C. 粉红色杯 + 橙色棒

D. 红色杯 + 黑色棒

E. 粉红色杯 + 桃红色棒

测评解析:

选择 A 的人:你的压抑指数为 60。

导致你产生压力的主要根源在于家庭和感情方面,建议你要学着在适当时候放下某些家庭责任,如家里乱点,甚至没有人洗碗也没关系,不必为了这个发愁,打扫起来是很容易的事情。工作压力已经够你受了,回到家中应该是安安乐乐地享受一下,至于那些做不完的家务就留到放假时再一起“结算”吧!

选择 B 的人:你的压力指数为 80。

你总是觉得自己的钱赚得不够多,又觉得自己事业发展不够顺利,于是总在不停地追赶。对自己有要求是好事,但如果这种想法终日围绕脑海,你又怎能感受生活中开心的点滴呢?别让工作压力压坏自己,凡事尽力就已足够。

选择 C 的人:你的压力指数为 0。

在你的字典中完全没有压力这两个字,虽然你总是一副无所谓、乐呵呵的样子,但这也未必是百分百的好事,因为这同时也暗示着你在大家心目中是个 EQ 极差的人。正由于你不会压抑自己的情绪,所以当遇到什么不如意的事便暴发你的脾气,那时的你眼中完全只有自己,对此,你该认真地检讨一下。

选择 D 的人:你的压力指数为 40

你虽然也有一定的压力,但情绪控制方面都做得很好，绝对不是会乱发脾气的人。因为你总是希望能够维持人际关系上的和谐,会为了讨好某一个人而努力迎合对方,但是在这个过程中,难免自己会受委屈,而你的精神压力也多半源自于此。

选择 E 的人:你的压力指数为 20

一般来说,你很少受到精神压力的困扰,唯一让你压抑的就是你那近乎绝对的性格。你经常一早起来就已经想好了下午茶时自己要去哪家餐厅吃什么样的食物,假如这个餐厅刚好没有营业或者你想吃的东西已经卖完了的话,你就会感到压抑,从而造成精神上的困扰。

第十五课

寻找逆境中的幸福

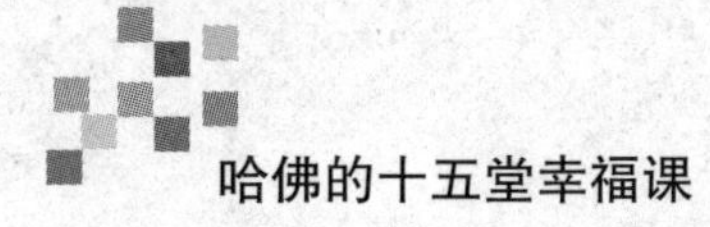

1. 不想在痛苦中度过一生，就不要怨天尤人

生活是用来享受的，而不是用来承受的。再烦，也不能忘记享受生活，人生就是这样令人无奈，总是在给完你几鞭子后，又给你几颗糖，让你流着眼泪也要继续下去。我们不能一味地抱怨，骂苍天无眼，叹自己时运不济，哀别人不予理解……这是最愚蠢的做法。每天都对自己说："我很开心。"你要知道，感恩和知足，会让幸福来得更容易。

美国成功学家卡耐基说："命运交给你一个酸柠檬，你得想办法将它做成甜的柠檬汁。"人生如柠檬，酸甜滋味在自心，有人或许被它酸得没了胃口，但心灵手巧的人会巧妙地将它制成甜甜的果汁，细细地品。

乌干达有位名叫拉玛森的盲人拳击手，本来有着钟爱的职业与完整的家庭，可后来接踵而至的不幸几乎夺走了他的一切：眼睛失明，祖母去世，妻子离开，兄弟姐妹对他不理不睬……

此后，他的生活便依靠当地清真寺的一点善款来维持，靠孤儿院的孩子们帮他煮粥充饥。亲人遗弃、朋友冷落，并没有使拉玛森恼怒憎恨。他说："他们都有自己的难处，我自己的路要自己走啦！再说，我最不擅长的就是怨天尤人。"

为了不放弃热爱的职业，拉玛森经历数年苦练，终于重返拳击场——他靠耳朵、鼻子来分辨对手的声音和方位。尽管困难重重，但他的拳击依然鲜有对手。

今天的拉玛森，已是乌干达民众的偶像。盲人体协主席佛朗西斯·基努比高度赞扬他说："拉玛森向人们证明，失明并非世界末日。他能创造拳坛奇迹，固然与他的不屈性格、顽强毅力分不开，而他的宽容精神、乐观态度同样不可或缺，正如他自己归纳的那样：'最不擅长怨天尤人。'"

总是怨天尤人的人，将命运连同快乐的钥匙都一并交给了他人，受了半点委屈就到处诉说，似乎自己是世界上最可怜的人；受到半点不公就伤心不已，甚至痛不欲生，好像世界末日来了似的……

其实，生活中没有十全十美的，但也绝非处处昏天黑暗。那些坎坷、挫折以及不公，都只是生活中的小插曲，以平常心待之总比郁结不发日日备受煎熬要好得多。如果整天为此而垂头丧气或者怨天尤人，将失落和苦闷归结于上苍，将痛苦和失误归咎于他人，这只能是自加桎梏，自设樊笼。

不想在痛苦中度过一生，就不要怨天尤人。总有一天，你会发现囚笼里暗无天日的黑暗，与外面清澈明净的天空，不可同日而语。

医院近来接连死了两个癌症患者，这使医院的气氛显得压抑而沉重。许多病人情绪低落，觉得自己来日无多，黯然落泪，哀怨上天不公，医院笼罩在一片唉声叹气的颓丧之中。主治医师很着急，忙向心理医生求助。

心理医生做了一番调查，制定了一套“不必伤心”的劝慰辞：

“癌症并非不治之症，通常有两种可能：早期与晚期。早期患者可以根治，所以你不必伤心。晚期患者也有两种可能：经过治疗可以治愈和不能治愈但还能活上几年。可以治愈的当然不必伤心，能够再活上几年的也有两种可能：一种是医学技术可使症状缓解，一种是医治无效而死。症状缓解的当然不必伤心，医治无效的嘛……也不必伤心，因为你已经死了，还有什么可伤心的？”

听到这里，病人们都乐了，笼罩在病房里的阴霾就这样被驱散了。

痛苦是生活中必不可少的一种调味剂，再多的抱怨也于事无补，倒不如泰然处之，欢欢喜喜地接纳它，明理的人，绝不怨天尤人，更何况命运可以改造。

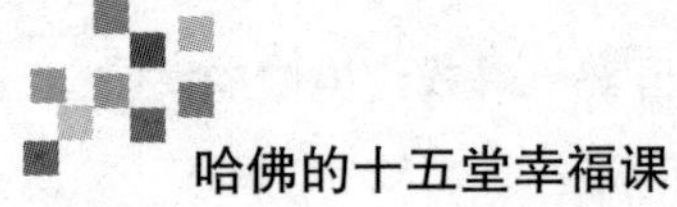

所以,何不把生活给予我们的磨难当成一种乐趣呢?人生路上,挫折只是个弯道,一旦转过弯来,眼前便是一片开阔的天地,亮丽的风景映入眼帘,有什么事比这种山重水复之后的柳暗花明更大快人心呢?

哈佛幸福笔记:

泰勒·本-沙哈尔认为:"无论是快乐还是抑郁,通常都基于点的组合,外来因素(发生在身上的事)和内在反应(我们对事情的反应)。这些事情包括从赢得冠军到考试不及格,或是从中头彩到被伴侣抛弃等。相对而言,我们不能完全左右外来因素的侵扰,但内在反应却是完全可以选择的。"所以,幸福不仅是快乐,也包括面对困难、挫折的选择。

2. 从坏事中找出好事，而不是把坏事看成好事

罗马诗人奥维德曾说过：“如果计算一下全年阴天和晴天的数目，你会发现阳光真是普照的。”不管你相信与否，再坏的事情也会有好的一面，人生本无常，无论遇到生活的大喜或者大悲，如果都能以平常之心对待，就可获得永恒的平静。

哈佛大学泰勒·本－沙哈尔教授在他的幸福课讲堂上，曾说过这样一句话：“积极者明白，人的本性决定了我们会有痛苦的情绪，或者说是人就会有失败的时候，但失败会过去。做积极者有很多好处，第一个好处就是幸福感多了，积极者感到更多幸福，还有其他好处。”

事有好坏之别，坏事就是坏事，我们不必非要说它就是好的，但我们却可以从中找出好的因素来，从而对事情本身有一个新的改观。鉴于此，泰勒教授说了这样一个例子：

波莫纳大学的 Suzanne Thompson 做了以下的研究：

她找到那些在加州大火中失去家园的灾民，那时候有很多灾民——那是一场很大的山火，很多人失去了家园。火灾过去，她去采访他们。

她把积极者和消极者区分开来——积极者并没有说“我很高兴火灾发生了”，而是说“这场天灾也有好的一面”、“我可以重新开始”、“火灾给了我一个新起点”、“现在我更喜欢我的家、“我的家人都安全无事，这让我很欣慰”……所以积极者看到的是好的一面。

随后她跟进这些受访者，那些跟消极者区分开来的积极者，长远来说，他们感到更幸福。他们有更多积极情绪，焦虑的情绪更少，身体也少患病，所以积极对身心都有好处。

生活如镜，你笑，它会还你一张笑颜；你哭，它怎么可能还会对你喜笑颜开？你怒了，抬手将之掷地，它回报给你的是无数怒气冲冲的脸……生活总是不会

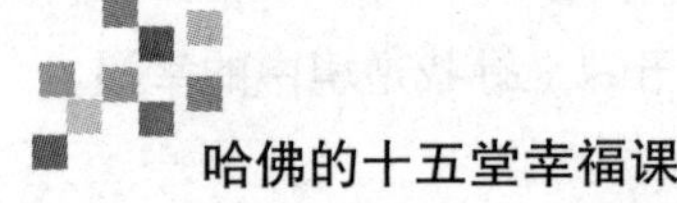

一帆风顺波浪平,如果不幸真的恰巧降落在你身上,如果对于这些不幸你每天都在不停地抱怨,一筹莫展,甚至颓废绝望,那么,负面的想法就会在你的脑子里越积越厚,脆弱的神经终将不堪重负。

美国教育家卡耐基说:“如果我们有着快乐的思想,我们就会快乐;如果我们有着凄惨的思想,我们就会凄惨;如果我们有着害怕的思想,我们就会害怕;如果我们有不健康的思想,我们就会生病。”

所以,别把生活看得那么糟糕。站在阳光下,低头只会看见斑驳的阴影,然而抬头便是炫目的日光。命运并没有刻意地亏待谁,差别只在于我们的心境罢了,从坏事中找出好事,就能接近快乐,走向幸福。

“如果没有10年前的那场大火,我现在应该跟正常人一样,拥有一份不错的工作和一个幸福美满的家庭。”这句话几乎成了丹尼尔的口头禅。

十年前,一场大火使丹尼尔从光明的世界里跌进了无边的黑暗,失去了工作,妻子也弃他而去,孤苦伶仃的丹尼尔便开始了乞讨生涯。

一天,他蹲在路边,突然听到手杖敲地的声音来到面前,丹尼尔便开口乞求:“行行好,可怜可怜我这个盲人吧!”

手杖声停止了,一只手伸了过来。丹尼尔忙不迭地去接,才发现这是一张百元钞票。于是一边致谢一边诉苦:“您是个大好人。您不知道啊,我以前是不瞎的,就是十年前这条街上的一家酒店失了火,我才……”

对方沉默了片刻,拍拍他的肩膀说:“我也是在那场大火中受伤的,我也失明了,而且还毁了容。”

丹尼尔一愣,接着愤愤不平了起来:“上帝对我不公平!同样失明了,为什么你成了有钱人,我却成了乞丐呢?”

对方笑了笑说:“那场大火是够可恨的,刚开始我也抱怨上帝不公。但是后来我发现我的听力越来越敏锐,能分辨音响的好坏,于是我就创造出销售音响的佳绩。我相信,任何的不幸,都能从里面找出好的一面来的。”

同样一种遭遇，只因看待事情的眼光不同，便有了富翁与乞丐的天壤之别。没有一种生活是完美的，不幸会随时光临任何一个人。如果你用悲观消极的态度对待它，它便会自动复制出无数个不幸来，让你永远看不到成功的希望，更感知不到何谓幸福。

哈佛幸福笔记：

泰勒·本－沙哈尔教授曾经说过：“真正的幸福不应该是绝对没有不良的情绪，而是经得起困难和挫折的考验。”困境与不幸就如上帝手中的绣球，无论砸到了谁都是推脱不掉的。坏事终究是坏事，谁也不能拍手称赞说：“好极了！”但若能从坏事里找出积极的因子来，看到阳光的一面，事情就不再那么糟糕透顶，幸福感也就随之而来。

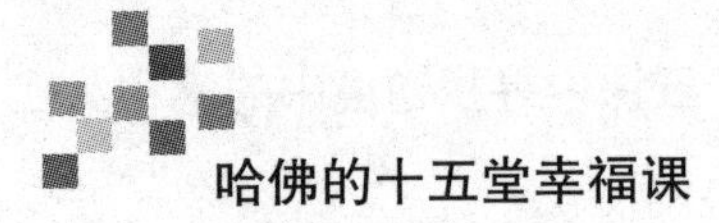

3. 事情会好转的，只是需要一点时间

悠悠人生路上，倘若真能得上天眷顾一帆风顺固然可喜，未能如愿反而处处碰壁也不必悲伤，你要怀着一颗积极阳光的心，欢欣地告诉自己：事情会好转的，只是需要一点时间。就像马云说的那样：今天很残酷，明天更残酷，但后天很美好，只是不幸的是，大部分人都死在明天晚上。

上帝散布给人间的苦难与月光一样均等。在这个世界上，没有一个人活得容易，更没有一个人整日为鲜花和掌声包围。我们每个人都会遇到难关，但因每个人对待难关的态度不一样，结果便有了千差万别。乐观的人永远都有积极向上的动力，将一切苦难都视为路上的小插曲，为枯燥的生活带来生机；而悲观的人则对此望而却步，蜷缩在失落绝望的角落里自怨自艾。

关于面对逆境的两种人生态度，美国哈佛大学泰勒·本－沙哈尔教授在幸福课上是这样说的：

“积极者和消极者的区别在于，积极者明白这个世界不会事事都如愿，但是我们可以扭转坏事，事情会好转的，一切会变顺利的，可能需要点时间。

可能要过一段时间才能看到曙光，可能要过一段时间才能忘了羞辱、痛苦、失望，但一切不好的事都会过去，也就是说，积极者明白，这些感觉是暂时的，他会允许自己有人之常情，他会明白，事情最后会好转的，发生的都发生了，这就是人生。他允许自己有人之常情，包括允许自己感受这些负面情绪，允许自己失败。”

一切都会过去，总是会好起来的。把这句话当作自己的人生信条，它会时刻告诉那些面临人生困境的人们：当你感觉末日即将到来，当你感觉自己难以逾越面前的沟壑，你就应该这样提醒自己：自己与他人一样面对明天的日出，自己被太阳照耀的时间与别人同样多，只要自己勇敢面对，总是会好起来的。

尼采说：“极度的痛苦才是精神的最后解放者，唯有此种痛苦，才强迫我们大彻大悟。”正是这些经历与感受，丰富了我们的人生，在这样艰苦的成长过程中，我们学会了发现，懂得了珍惜，对于那些在心中化解不开的结，对于那些让我们承受痛苦的人和事，淡淡一笑，学会欣赏，学会包容。只有洒脱地转过身，才能发现新的风景。

20世纪初，美国密西西比州奥克斯福镇有一个小伙子，天资聪颖，很有才华。他很早就开始进行文学创作，想象着自己有一天也能成为文坛巨匠。于是，他先从写诗入手，模仿浪漫派诗人写过一些很伤感缠绵的诗歌。

但是因为要写诗，他的脑中整天挤满了感伤的诗句和古典的形象，导致工作一塌糊涂——在邮政所干了半年就辞职，还干过船老大、油漆工、营业员……

到了将近30岁，他还是这副老样子，镇上的人都看不起他，他很忧郁地离开故乡，来到了新奥尔良。

在这里，他遇到了一位老作家。老作家看他失魂落魄的样子，就鼓励他说："没关系的，总会好起来的，只是时间的问题嘛！"他指点小伙子，"你来自乡下，不妨写写你那个邮票般大小的家乡。"

小伙子如梦初醒，他回到家乡闭门谢客，开始了小说创作。后来，他那描写故乡的小说为他赢得了世界级荣誉——他就是美国20世纪最伟大的作家之一，威廉·福克纳。

逆境，是每个人的必经之路。在这个时候，与其悲伤流泪，还不如就自己既有的条件去慢慢耕耘，只要你不放弃，不放弃渴望成功的信念，境遇都会好转的，只是需要一点时间罢了。只要眼睛不失去光泽，心灵就永远不会荒芜。在逆境中，只要你不让自己消沉颓丧，困难与痛苦是不能把你怎么样的。

哈佛幸福笔记：

并不是所有的不幸都是灾难，你或许可以将它看作是一种祝福。就如泰勒教授说的那般："积极者和消极者的区别在于，积极者明白这个世界不会事事都如愿，但是我们可以扭转坏事，事情会好转的，一切会变顺利的，可能需要点时间。"你要知道，成长是一种痛，痛过才知道幸福的真相；成长是一种暗恋，经历了磨难才能破茧而出。

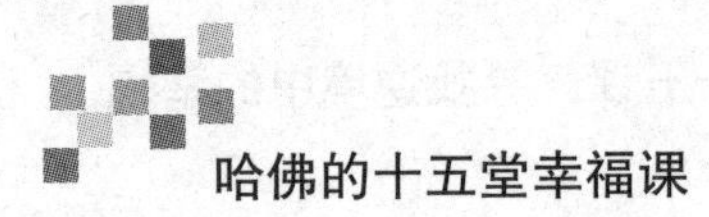

4. 在其他三根弦上把曲子演奏完

有一次，世界著名的小提琴家欧利·布尔在巴黎音乐会的演奏过程中，小提琴上的A弦突然断了。令人惊讶的是，欧利·布尔居然从容不迫地用另外的那三根弦演奏完了那支曲子。“这就是生活，”他说，“如果你的A弦断了，就在其他三根弦上把曲子演奏完。”

列夫·托尔斯泰说：“大多数人想改造这个世界，但却极少有人想改造自己。”当我们遇到困难、深陷逆境时，许多人只是感叹，叹时运多艰、命途多舛，叹身陷囹圄、回天无力。殊不知，心若改变，你的态度就跟着改变；态度改变，你的性格就跟着改变；性格改变，你的人生也就会跟着改变。

大约在两个半世纪以前，在法国里昂的一个盛大宴会上，来宾们对于一幅历史画面的意境展开了激烈的争论，大家各抒己见，互不相让。主人灵机一动，转身请旁边的一个侍从来解释。

这位地位卑微的侍者，对整个画面所表现的主题作了非常细致入微的描述。在场的人无不心悦诚服于他清晰的思路，深刻的理解，他的观点几乎无可辩驳。

在座的一位客人吃惊地问这位侍者：“请问您是在哪所学校接受教育的？”

“我在许多学校接受过教育，阁下，”年轻的侍者回答说，“但是，我在其中学习时间最长，并且学到东西最多的那所学校叫作‘逆境’。”

这位侍者就是让·雅克·卢梭。卢梭渊博的学识，得益于他一生曾经经历过的无数的逆境，让他有机会对整个社会的方方面面都认识得更为深刻，从逆境中历练出伟大的思想。

苦难是所好大学，我们要在每一次困境中，都寻找到成功的萌芽。只有这样我们才不会在逆境中一蹶不振，而是将它抛在身后，微笑仰视雨后的晴天。

有一次，芝加哥大学校长罗勃·梅南·罗吉斯在谈到如何获得快乐时说：“我一直试着遵照一个小的忠告去做，这是已故的西尔斯公司董事长裘利亚斯·罗山渥告诉我的。他说：‘如果有个柠檬，就做柠檬水’。”——这是聪明人的做法。当他拿到一个柠檬的时候，他就会说：“从这件不幸的事情中，我可以学到什么呢？

我怎样才能改善我的情况，怎样才能把这个柠檬做成一杯柠檬水呢？”

而傻子的做法正好相反。傻子同样面对这个柠檬时，他会自暴自弃地说：“完了！这就是命运，我连一点机会也没有。”然后他就开始诅咒这个世界，让自己沉溺在自怜自艾之中。

第二次世界大战期间，一个名叫弗兰克的心理医生被关在纳粹集中营里。

每当他遭受非人的折磨时，就想象着自己正在战后的讲坛上讲课，内容就是关于集中营里的心理学。此时，他所受的一切苦难煎熬，都成为心理学研究的课题。

弗兰克就是用这种办法使自己超越困苦的境地、顽强地活了下来，并且精神始终不垮，终于逃出集中营。

后来他说：“人所拥有的任何东西都可以被剥夺，唯独人性最后的自由——也就是在任何境遇中选择处世态度和生活方式的自由——不能被剥夺……未经我允许，任何人都不能伤害我。”

逆境就是这样，在漫漫人生路上，我们必定要与其相逢。是否能以平静的心情对待逆境，这是在考验每个人的精神内蕴。其实许多人并不是输在才学不济，而恰恰是输在于逆境中韧劲不足，没有坚持到最后，没有等到雨过天晴时节。

著名心理学家威廉·詹姆斯说得好：“世界由两类人组成：一类是意志坚强的人，另一类是心志薄弱的人。后者面临困难挫折时总是逃避，他们极易灰心丧气，等待他们的也只有痛苦和失败。但意志坚强的人不会这样。他们来自各行各业和生活的各个层面，然而内心中都有股与生俱来的坚强特质。”

逆境就如我们手中那把断了弦的小提琴，让我们一时为难拉不出动听的曲子，但若心无旁骛，一心想着将曲子拉好，那么，同样可以演奏出华丽的乐章。

哈佛幸福笔记：

泰勒·本-沙哈尔教授在幸福课上曾说：“真正的幸福经得起困难和挫折的考验。与其因为还没有达到的幸福境界而感到垂头丧气，不如认真地去体会和挖掘幸福这一无穷无尽的宝藏，同时去争取得到更多。诚恳地体验那些负面情绪。”其实逆境如同一枝绽放在春日午后的玫瑰，我们太过紧张于它茎上的刺，倒影响了审美。

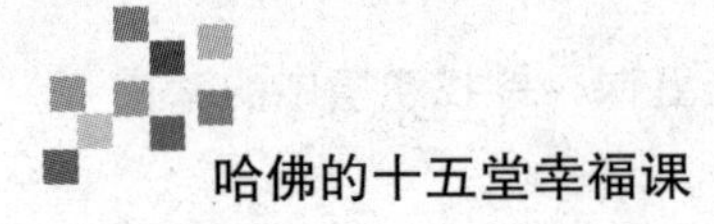

幸福小测试:你是自暴自弃的人吗

一天放学回到家后,你发现有一本很重要的课本忘了带回家,没办法,你又转回学校去拿。这时候学校都空无一人了,你壮起胆子回到自己的教室拿那本课本,走到走廊的时候,突然,你的背后响起了脚步声,你转头一看,天哪!一个只有下半身的身体向你跑过来,这时你会怎么躲?

A. 躲进大垃圾箱,双手紧紧抓住

B. 跑进教室,还抓了一堆东西挡住门

C. 沿着楼梯往看台跑去,万一对方追上来,就一脚把它踹下去

D. 往漆黑的地下室跑去,躲在最里面的角落

测评解析:

选 A 的人:

人免不了要碰到挫折失败,刚开始你也会怀疑自己的能力,觉得一定是哪里做得不好,但是你不会让自己沮丧太久,休息充电之后,又是一副生龙活虎的样子,这种人生态度可以说是相当健康的。只要我们尽了全力,人生就不会留白。

选 B 的人:

不管你面对的是学业、友情或爱情,只要一遇到麻烦,你就很容易放弃。表面上看起来好像是无欲无求,其实是你对自己太没自信。宁可承受失去的痛苦,也不愿主动争取,这样可是会越来越封闭的啊!为什么不让自己更努力一点呢,有时有点压力也是好的,只要你去争取,结果就会改变。

选 C 的人:

你的人生完全不可能出现"自暴自弃"这种事。对你来说,遇到麻烦就努力解决,如果不能解决,那绝对是别人的问题,不是你的错。虽说自信很好,但你的自信真是爆棚,可不要太过一意孤行啊。

选 D 的人:

你经常有种豁出去的冲动,一遇到困难,就会不自觉地选择最糟糕、最毁灭型的做法,非要把自己搞到很惨才行,不知道是在生自己的气还是在愤世嫉俗。总而言之,这样自暴自弃可是会让家人和朋友担心的啊。请千万让自己尽快平静下来,遇到事情多往好的方向想才对。